全国电力继续教育规划教材

新型继电保护
标准化实训

主　编　杜延菱
副主编　高　旭　史　辉　杜丽艳

中国电力出版社
CHINA ELECTRIC POWER PRESS

内 容 提 要

本书为全国电力继续教育规划教材。

本书共七章，各章将继电保护理论基础知识和装置实操方法结合一起，全面阐述了继电保护基本原理及国网标准化继电保护装置的调试方法。主要内容包括继电保护实训基地规模及配置，各类保护原理及调试方法、异常及事故排查技巧，就地化保护，智能站 SCD 文件配置，电力系统典型故障分析等。

本书可作为继电保护专业从业人员设计、调试、验收、运行、维护的培训教材，也可以作为相关院校师生的参考资料，同时可供设备厂家和施工企业技术人员参考。

图书在版编目（CIP）数据

新型继电保护标准化实训/杜延菱主编．—北京：中国电力出版社，2020.12
全国电力继续教育规划教材
ISBN 978-7-5198-5226-9

Ⅰ.①新… Ⅱ.①杜… Ⅲ.①继电保护—继续教育—教材 Ⅳ.①TM77

中国版本图书馆 CIP 数据核字（2020）第 250860 号

出版发行：中国电力出版社
地　　址：北京市东城区北京站西街 19 号（邮政编码 100005）
网　　址：http://www.cepp.sgcc.com.cn
责任编辑：乔　莉（010-63412535）
责任校对：黄　蓓　郝军燕
装帧设计：郝晓燕
责任印制：吴　迪

印　　刷：三河市航远印刷有限公司
版　　次：2020 年 12 月第一版
印　　次：2020 年 12 月北京第一次印刷
开　　本：710 毫米×1000 毫米　16 开本
印　　张：12.5
字　　数：200 千字
定　　价：49.00 元

版 权 专 有　侵 权 必 究

本书如有印装质量问题，我社营销中心负责退换

编委会

主　编　杜延菱
副主编　高　旭　史　辉　杜丽艳
委　员　刘海涛　董久晨　陈学伟　陈　瑞　白　旭
　　　　　崔宝华　吴　炜　崔鹏飞　徐以坤　马建业
　　　　　尹仲超　黄红瑕　金　言　阚世洋　马迎新
　　　　　庄　博　范登博　李锦锦　牛雪飞　武同心
　　　　　徐相波　李爱民

前言

近年来，由电力系统继电保护设备问题引发的灾难性连锁故障明显增多，2018 年巴西"3·21"大停电以及 2019 年纽约"7·13"停电事件，均与继电保护设备动作不正确有关。

目前，随着电网规模的快速发展，通信、信息处理、材料科学等技术的不断进步，继电保护从原理到实现都有了较大变化。为了快速提高继电保护专业人员的技能水平，适应智能电网发展模式，保证电网安全稳定运行，国网冀北电力有限公司全面梳理了继电保护装置的调试方法、异常及事故排查技巧、电力系统典型故障案例，组织编写了本书。

本书以国网冀北电力有限公司技培中心实训基地为依托，以国家电网有限公司检测的标准化保护装置及智能设备为例，全面系统地介绍了继电保护理论基础、异常及事故处理方法、典型故障分析等内容。本书在结构编排上尽量考虑各章节的独立性，以方便读者根据不同的学习计划灵活选用。另外，各章配套编写了专项练习题，读者可扫描二维码获取。

由于篇幅有限，个别实用技术的表述可能不够详细，同时限于编者的水平和经验，加之编写时间仓促，书中难免会有不足和疏漏之处，恳请读者批评指正。

编 者
2020 年 12 月

目 录

前言

第一章　实训基地概述 ·· 1
　第一节　实训基地总体结构 ·· 1
　第二节　实训基地规模与保护装置配置 ···································· 5
　第三节　实训基地与生产现场标准化作业一般要求 ··························· 9

第二章　线路保护 ·· 19
　第一节　保护原理 ·· 19
　第二节　主要功能及实验方法 ··· 30
　第三节　典型回路故障设置与排查 ······································ 38

第三章　母线保护调试内容 ·· 47
　第一节　保护原理 ·· 47
　第二节　主要实验方法 ·· 58
　第三节　典型回路故障设置与排查 ······································ 64

第四章　变压器保护 ·· 79
　第一节　保护原理 ·· 79
　第二节　主要试验方法 ·· 86
　第三节　典型回路故障设置与排查 ······································ 96

第五章　就地化保护 ··· 106
　第一节　就地化保护方案 ·· 106
　第二节　就地化保护配置方法 ·· 110
　第三节　就地化保护现场安全措施 ····································· 120
　第四节　就地化保护异常处理 ·· 125

第六章　智能站配置文件 ··· 127

第一节　基础知识 …………………………………………………… 127
第二节　配置工具介绍及 SCD 配置流程 …………………………… 132
第三节　标准信息流介绍 …………………………………………… 143
第四节　改、扩建典型案例 ………………………………………… 157
第五节　SCD 常见故障汇总及排查思路 …………………………… 162

第七章　电力系统典型故障分析 …………………………………… 167
第一节　典型故障案例分析 ………………………………………… 167
第二节　二次回路异常及事故处理 ………………………………… 185

第一章

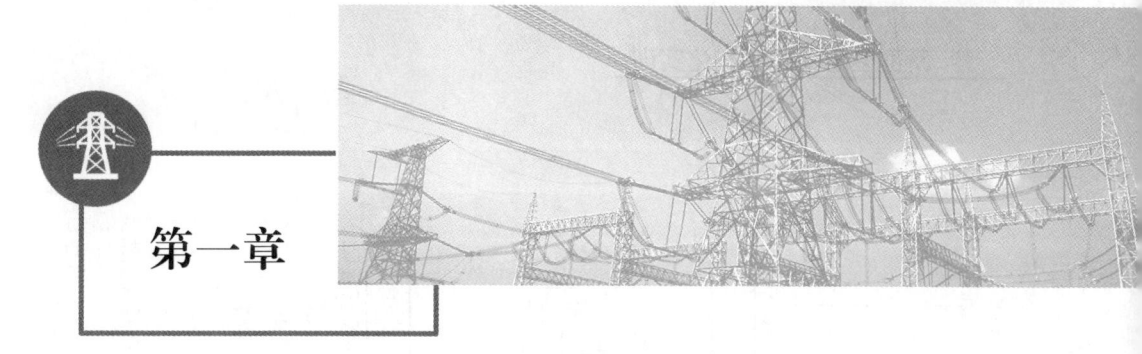

实训基地概述

【概述】 本章主要介绍继电保护实训基地的一次系统主接线、继电保护装置的功能配置及规模，强调了在实训基地实训期间应遵守的标准化工作流程、安全注意事项等。主要内容包括实训基地总体结构、实训基地规模和保护装置配置、实训基地标准化作业一般要求。通过本章的学习，继电保护技术技能人员可在实训实操前熟悉实训基地的环境，掌握实训装置配置，为安全、规范、顺利开展具体实操项目做好充分准备。

第一节 实训基地总体结构

一、实训基地一次系统主接线

继电保护实训基地以 220kV 京西智能站、220kV 保定常规站、500kV 冀北智能站、500kV 科苑常规站为仿真对象。220kV 京西智能站、220kV 保定常规站均采用双母线接线，以 220kV 京保一线联络。500kV 冀北智能站采用 3/2 接线，由一个完整串、一个不完整串组成。500kV 科苑常规站采用 3/2 接线，由两个不完整串组成。两个 500kV 变电站以 500kV 科冀一线、500kV 科冀二线联络。同时，500kV 冀北智能站通过 200kV 京冀一线与 220kV 京西智能站联络。

在充分考虑本地区智能变电站的发展趋势以及常规变电站的现状的基础上，实训基地最终形成 220kV 京西智能站与 220kV 保定常规站、220kV 京西智能站与 500kV 冀北智能站、500kV 冀北智能站与 500kV 科苑常规站相联络的格局。

实训基地一次系统主接线如图 1-1 所示。

图 1-1 实训基地一次系统主接线

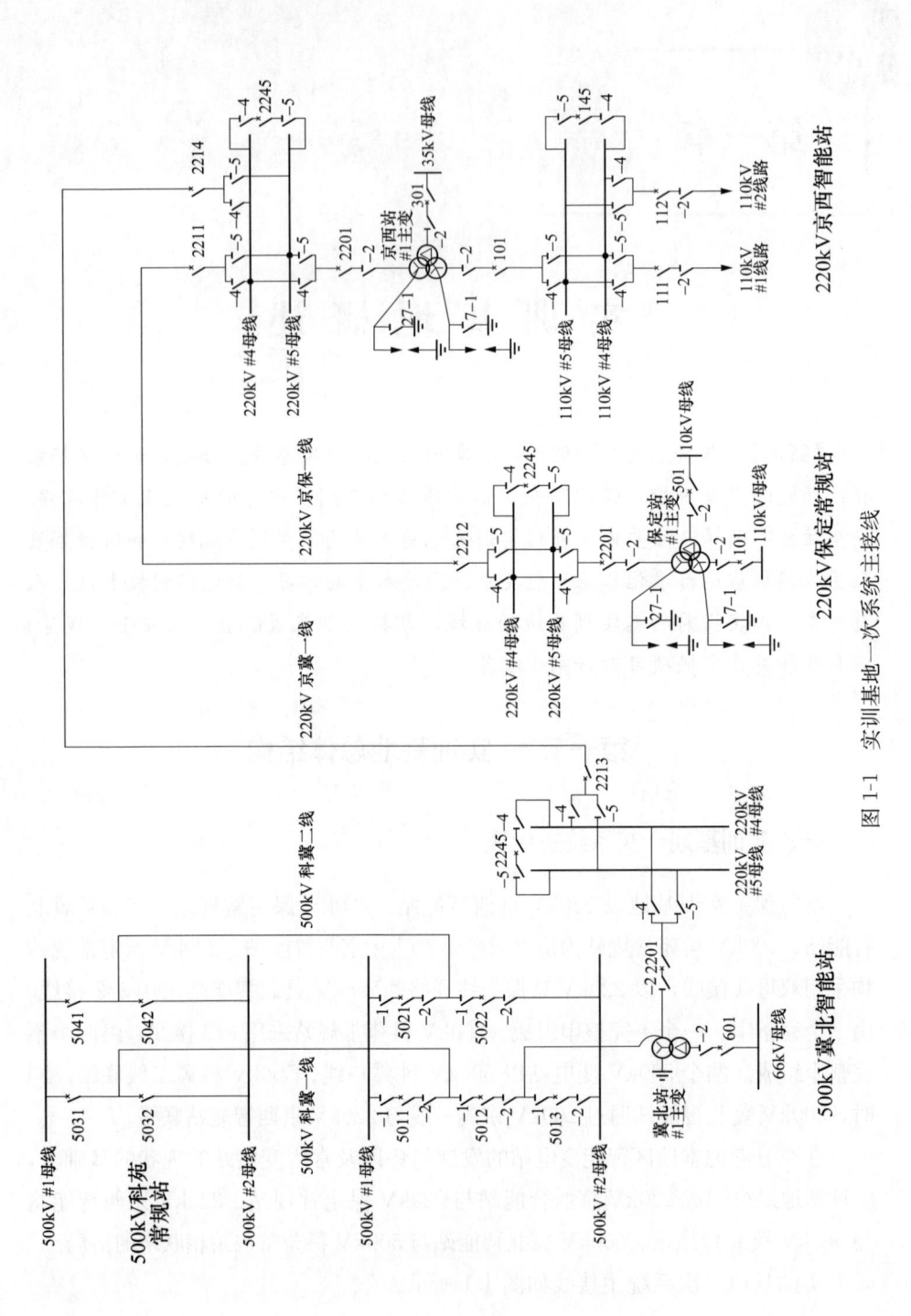

二、实训基地二次设备的布置

1. 一般原则

二次设备布局合理、标识准确清晰,是顺利开展实操培训的基础。一般来讲,实训基地的建设应从以下几个方面考虑:

(1) 实训基地建设场地的选择。作为继电保护专业的实训基地,规模不同,二次设备屏(柜)的数量少则几十面,多则上百面。二次设备每一面屏(柜)的自重在 200kg 左右,所以应充分考虑实训基地所在楼层的承重水平(面荷载水平)。有条件的,应尽量安排在楼层的第一层(若第一层下为地下车库,则要做特殊考虑)。若实训基地配置有直流蓄电池室,则更应首选在楼层的首层安装建设。

(2) 二次屏(柜)在实训基地内的布置。在满足典型设计、与实际站(所)尽量接近的情况下,以"按功能分区"的基本原则布置有关设备。屏(柜)间留有必要的空间,满足实操培训便利化的要求。设计方案在兼顾常规培训的基础上,还应超前考虑职业技能鉴定(评价)、专业技能竞赛比武等特殊情形下屏(柜)数量增加而需要的发展空间。

(3) 电源走线。目前,继电保护实训基地二次设备的电源走线主要有"上走线""下走线"两种方式,各有特点。"上走线"方式,设备上方需要安装布置电源线(电缆、光缆、网线等)"走廊",而设备直接置于房间地面上,减少了地面施工量。"下走线"方式,一般需要做基础施工,敷设防静电地板,防静电地板一般需比地面高 20cm,以便敷设电缆、光缆和网线等。因为敷设防静电地板,"下走线"方式增加了建设投资。当条件允许时,可以考虑敷设专门的接地铜排,作为实训基地设备的二次接地。

(4) 安全设施及标识。实训基地规模较大时,应充分考虑防火喷淋等安全设备设施、安全通道出口等。

2. 整体布局

继电保护实训基地占地大约 $660m^2$,依据不同实训功能,继电保护实训基地划分为 220kV 京西智能站、220kV 保定常规站、500kV 冀北智能站、500kV 科苑常规站以及 SCD 文件管控培训室共 5 个区域。如此布局,既可以针对某一类型的二次设备进行集中或分组训练,又可针对不同类型的二次设备分组、分装置开展相应的实操训练,智能站与常规站保护装置之间也可开展联调实操培训。同时，实训基地还留有一定的空间，可开展理论培训教学，做到讲练结合、理实一体。

实训基地二次设备布置如图1-2所示。

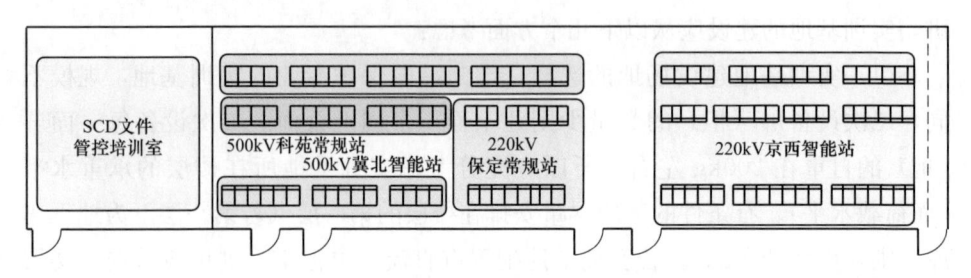

图1-2 实训基地二次设备布置

3. 实训基地命名细则

为使实训人员尽快熟悉实训设备，实训基地制定了继电保护屏柜命名细则。每一个屏柜均有一个唯一固定的编号，由三个字段组成。

第一个字段为字母 A、B 或 C，表示该保护屏所在的物理位置。A 类为布置在靠近实训基地南侧（即实训楼楼道侧）的设备，B 类为布置在实训基地中间一列设备，C 类为布置在实训基地北侧的设备。

第二个字段由 3 位或 4 位数字组成，其中"2××"为 220kV 智能站所包含的二次设备，"5××"为 500kV 智能站所包含的二次设备，"22××"为 220kV 常规站所包含的二次设备，"50××"为 500kV 常规站所包含的二次设备。其中，"××"为两位数字，表明某二次设备（屏）在对应变电站的位置编号。

第三个字段分别为 AP、BP、CP、DP，220kV 京西智能站保护设备均以"AP"表示，220kV 保定常规站保护设备均以"CP"表示，500kV 冀北智能站保护设备均以"BP"表示，500kV 科苑常规站保护设备均以"DP"表示。

根据以上细则，以"A2201CP"为例，其具体含义为：位于实训基地南侧、220kV 保定常规站、编号为 01 的二次设备，该设备实际为"220kV 京保一线 2212PCS 纵联电流差动保护"屏（屏眉显示）。同理，可根据二次设备的屏眉，可以很方便地认知熟悉各个二次继电保护设备的分类及归属。

另外，对于监控主机等公用二次设备，其命名编号中末位以字母 P 表示，不再有 AP、BP、CP、DP 区分。

思考与练习

（1）请说明 A2204AP、B2207CP、A217AP、C202P、A503BP 屏眉所表示的含义，并迅速找到该设备，指出其具体所代表的二次设备名称。

（2）本实训基地 220kV 智能站保护采用数字采样、数字跳闸的"九统一"保护装置，请说明"九统一"的具体内容。

第二节 实训基地规模与保护装置配置

一、实训基地的规模

继电保护实训基地严格按照国家电网有限公司（简称国网公司）最新相关技术标准和规范建设，所有保护装置均采用国网公司"九统一"标准化设备。整个实训基地目前配置二次设备屏（柜）78 面，SCD 专用机房配置电脑 30 台。

220kV 京西智能站保护采用数字采样、数字跳闸的"九统一"装置❶，线路保护、主变压器（主变）保护、母线保护、母联保护均实现双重化配置，同步完成故障录波器、网络报文分析仪的双套配置及站控层设备配置，同时配置了 110kV 线路保护、母线保护、母联保护装置。

500kV 冀北智能站采用保护单套配置，配置有母线就地化保护、线路就地化保护，保护采用常规采样、数字跳闸的"九统一"装置。

220kV 保定常规站配置有线路保护、主变电气量保护和主变非电气量保护、母线保护、母联保护。线路保护、主变保护、母线保护、母联保护均实现双重化配置。

500kV 科苑常规站配置有线路保护、母线保护、断路器保护的单套保护装置。

---

❶ 所谓"九统一"是指功能配置统一、回路设计统一、端子排布置统一、接口标准统一、屏柜压板统一、保护定值报告格式统一、面板指示灯统一、装置菜单统一、信息规范统一。

实训基地可开展 220kV 智能站、常规站的线路保护、母线保护、母联保护、变压器保护装置调试、传动及故障诊断培训。专用机房可开展 SCD 文件制作、修改、查错及故障分析等培训。500kV 常规站部分可开展线路保护、母线保护、断路器保护装置的调试、故障诊断等培训。500kV 智能站部分可开展线路保护、变压器保护、母线保护、母联保护、就地化母线保护、就地化线路保护装置的调试、故障诊断等培训,也可开展测控装置、合并单元、智能终端、交换机 VLAN 划分及抓包工具实操等相关调试。

实训基地培训二次设备调试工位充裕,有利于开展专业普调考、竞赛、比武等大型综合性专业活动。

继电保护实训基地的设计及建设主要体现了"新""全"的特色:

"新":实训基地严格按照国网公司最新相关技术标准和规范建设。

所有保护装置均采用国网公司"九统一"标准化设备,是国网公司首家全面按"九统一"标准建设的继电保护实训基地。实训基地二次设备配置了体现继电保护发展方向的就地化线路保护、就地化母线保护。

智能站部分采用了"二次回路光纤建模及编码技术",通过扫描二维码,可形象再现智能站光纤二次回路的连接状况。

"全":实训基地既包含 220kV 常规站、智能站,又有 500kV 常规站、智能站;既可针对常规站开展专业培训,又可针对智能站开展专业培训。同时,220kV 智能站保护采用数字采样、数字跳闸方式,500kV 智能站保护采用常规采样、数字跳闸方式。

实训基地可作为继电保护专业技术技能人才的培训基地;另外,因为规划留有一定的空间,因此它也可作为继电保护新技术创新实践、成果转化的"孵化器"。

二、实训基地二次设备的配置

继电保护实训基地主要二次设备的配置情况,见表 1-1。

表 1-1　　　　　继电保护实训基地主要二次设备配置情况

继电保护屏(柜)名称		装置型号
220kV 智能站主要保护配置	220kV 京保一线 2211 PCS 纵联电流差动保护屏	PCS-931
	220kV 京保一线 2211 PRS 纵联电流差动保护屏	PRS-753

续表

	继电保护屏（柜）名称	装置型号
220kV 智能站主要保护配置	220kV 京冀一线 2214 PCS 纵联电流差动保护屏	PCS-931
	220kV 京冀一线 2214 就地化线路保护屏	PRS-753
	220kV 母联 2245 PCS 保护屏	PCS-923
	220kV 母联 2245 PRS 保护屏	PRS-723
	220kV 线路/母联测控屏	PCS-9705
	220kV 母线 PCS 母线保护屏	PCS-915
	220kV 母线 BP 母线保护屏	BP-2C
	220kV 1号主变压器 PCS 保护屏	PCS-978
	220kV 1号主变压器 PRS 保护屏	PRS-778
	220kV 1号主变压器 PCS 高压侧智能组件屏	PCS-221 / PCS-222
	220kV 故障录波器屏	ZH-3D
	220kV 网络记录分析仪屏	PCS-9886A
	110kV 线路保护测控屏	PRS-711
	110kV 母联保护测控屏	PRS-723
	110kV 母线 BP 母线保护屏	BP-2C
	监控系统网络屏	PCS-9700
	数据通信网关屏	PCS-9799
	时钟同步屏	PCS-9785
	直流电源系统	GZDW-2×100A/230V
220kV 常规站主要保护配置	220kV 京保一线 2212 PCS 纵联电流差动保护屏	PCS-931
	220kV 京保一线 2212 PRS 纵联电流差动保护屏	PRS-753
	220kV 母联 2245PCS 保护屏	PCS-923
	220kV 母线 PCS 母线保护屏	PCS-915
	220kV 母线 BP 母线保护屏	BP-2C

续表

	继电保护屏（柜）名称	装置型号
220kV 常规站主要保护配置	220kV 1 号主变压器 PCS 保护屏	PCS-978
	220kV 1 号主变压器 PRS 保护屏	PRS-778
	220kV 1 号主变压器非电气量保护屏	PCS-974
500kV 常规站主要保护配置	500KV Ⅰ号母线 PCS 母线保护屏	PCS-915
	5031 断路器保护屏（含断路器失灵及自动重合闸装置，CZX-22G 操作继电器箱，模拟断路器）	PCS-921
	5032 断路器保护屏（含断路器失灵及自动重合闸装置，CZX-22G 操作继电器箱，模拟断路器）	PCS-921
	5031/5032 科冀一线 PCS 纵联电流差动保护屏	PCS-931
	5041 断路器保护屏（含断路器失灵及自动重合闸装置，CZX-22G 操作继电器箱，模拟断路器）	PCS-921
	5042 断路器保护屏（含断路器失灵及自动重合闸装置，CZX-22G 操作继电器箱，模拟断路器）	PCS-921
	5041/5042 科冀二线 PCS 纵联电流差动保护屏	PCS-931
500kV 智能站主要保护配置	5011/5012 科冀一线 PCS 纵联电流差动保护屏	PCS-931
	5021/5022 科冀二线 PCS 纵联电流差动保护屏	PCS-931
	断路器保护屏（断路器失灵保护及重合闸）	PCS-921
	断路器测控屏（断路器测控装置）	PCS-9705
	500kV 变压器保护屏；高、中压侧智能组件屏	PCS-978
	500kV 变压器本体非电气量保护屏	PCS-974
	主变测控屏	PCS-9705
	500kV 母线保护屏	PCS-915
	220kV 京冀一线 2213 PCS 纵联电流差动保护屏	PCS-931
	220kV 京冀一线 2213 线路保护屏（就地化保护）	PCS-931
	220kV 母联保护屏	PCS-923

续表

继电保护屏（柜）名称		装置型号
500kV 智能站主要保护配置	220kV 线路/母联测控屏	PCS-9705
	220kV 母线保护屏	PCS-915
	220kV 母线保护屏（就地化母线保护）	PCS-915
	过程侧中心交换机屏	NR-PCS-9882-G-F16G4
	500kV 智能站监控主机屏	华为 RH2288 v3
	500kV 智能站远动通信屏	PCS-9799-S1
	500kV 智能站公用测控屏	PCS-9705D-H2
	500kV 智能站同步时钟屏	PCS-9785-H2；PCS-9785E-H2
	故障录波屏，网络分析记录仪屏	ZH-5-G；PCS-9886A-NMU-RQ；PCS-9886A-NCU-H2
	500kV 智能站直流电源系统	ATCGZDG01-2×100A/230V

思考与练习

（1）简述智能变电站的基本特点、结构。

（2）合并单元、智能终端的主要作用是什么？

（3）GOOSE、SV、MMS 分别涉及 OSI 的哪几层？

（4）VLAN 有几种实现方法？智能变电站通常采用哪种方法实现 VLAN 划分？

（5）以 220kV 智能变电站为例，简要说明典型间隔（线路保护、母差保护）的信息流。

第三节 实训基地与生产现场标准化作业一般要求

一、实训基地标准化作业的一般要求

按照"安全第一""实训现场等同于工作现场"的原则，在实训基地实训期

间，所有人员应严格遵守实训基地的安全守则，培训师应做好安全应急预案，培训学员应严格按照"继电保护专业实训工作票"，根据标准化作业指导书开展实训。

在已经确定培训目标的情况下，实训实操工作应从以下几方面开展。

1. 准备阶段

（1）设备准备：重点是实训实操项目要求的保护装置或保护屏（柜），及其所需要的交直流电源等均保持正常工作状态（特殊情况下，需要进行故障设置及故障排除的培训内容除外）。应从专用的交流电源屏取用交流电源，严禁从保护屏（柜）的打印机电源取得交流电源；调试试验用交流电源应有漏电保护功能。

（2）资料的准备：设备厂家的白图、设计院的蓝图、装置使用说明书等。

（3）测试仪器仪表等的准备：根据实训内容，准备相应继电保护测试装置，以及连接导线、万用表、一字或十字螺丝刀、绝缘胶布等。

（4）教案或培训方案等的准备：培训师在授课前，编写培训教案以及实训安全组织方案，准备实训工作票等。继电保护专业实训工作票样式及填写说明如图 1-3 所示。

另外，对于第一次进入实训基地的学员，还应告知继电保护实训基地安全须知、实训基地应急处置预案、学员守则等安全规章制度。上好培训安全第一课。安全须知、学员守则均应张贴于实训基地明显位置。智能站继电保护实训基地应急处置预案流程如图 1-4 所示。

2. 实施阶段

（1）培训师：按照实训组织方案，指导学员集中或分组实操训练，建议采用理实一体的培训方式，以实操为主，辅以必要的理论分析讲解。同时，做好安全措施和安全监督，保障人身和设备安全。在专用机房培训授课时，还应采取必要的措施，保证网络安全。

（2）学员：依据培训内容，在培训师的指导下，按照标准化工作流程，开展培训。

（3）完成培训项目要求的所有内容，并撰写调试（试验）报告（结论）。

3. 总结

采用班后会的形式，点评本次培训的基本情况，肯定成绩，提出改进建议，并根据培训实施方案中规定的评价标准为参培学员评定成绩。

继电保护专业实训工作票

培训班名称_____

班组（分组编号）____第一组（学员若干，学员姓名_____）
_____第二组（人员较多时，可根据情况分成若干组）

1. 工作负责人（监护人）____（一般为主讲培训师，也可指定小组组长为监护长）

2. 工作班人员（不包括工作负责人）
____（此处为参培学员亲笔签字）_____共___人。

3. 工作设备双重名称
220kV 京保一线 2212PCS 纵联电流差动保护屏 PCS931 线路保护装置（例）

4. 工作任务

工作地点或地段	工作内容
培训楼____继电保护实训室	线路保护装置，纵联保护功能调试
	线路保护装置，距离保护功能调试
	线路保护装置，零序方向保护功能调试

5. 计划工作时间
   自____年____月____日____时____分
   至____年____月____日____时____分

6. 工作条件（停电或不停电，或临近及保留带电设备名称）
   ____保护装置带电____

7. 注意事项（实训项目危险点、安全措施和应急预案）

（1）试验接线应保证电压回路不短路，电流回路不开路，无直流短路。（2）继电保护测试仪开机前应可靠接地。（3）试验操作规范，不发生触点事故。（4）正确使用万用表、工器具等。（5）应记录：开工前保护装置的压板状态、保护装置的保护定值区、ს护装置的空开状态；断开保护所有出口压板；核实保护启失灵压板已断开；投入保护检修压板。（6）未经培训师同意，严禁触动与本次实训内容无关的任何端子或压板；禁止打开装置屏柜测门。（7）禁止私自动用设备电源开关。（8）实训操作期间空工装、绝缘鞋。

工作票签发人：____（一般为专业负责人签字）
签发日期：___年___月___日___时___分

8. 补充安全措施（工作许可人填写）
_____

9. 确认本工作票 1-8 项
   许可开工时间___年___月___日___时___分
   工作负责人签名_____ 工作许可人签名____（一般为实训室负责人）

图 1-3　继电保护专业实训工作票样式及填写说明

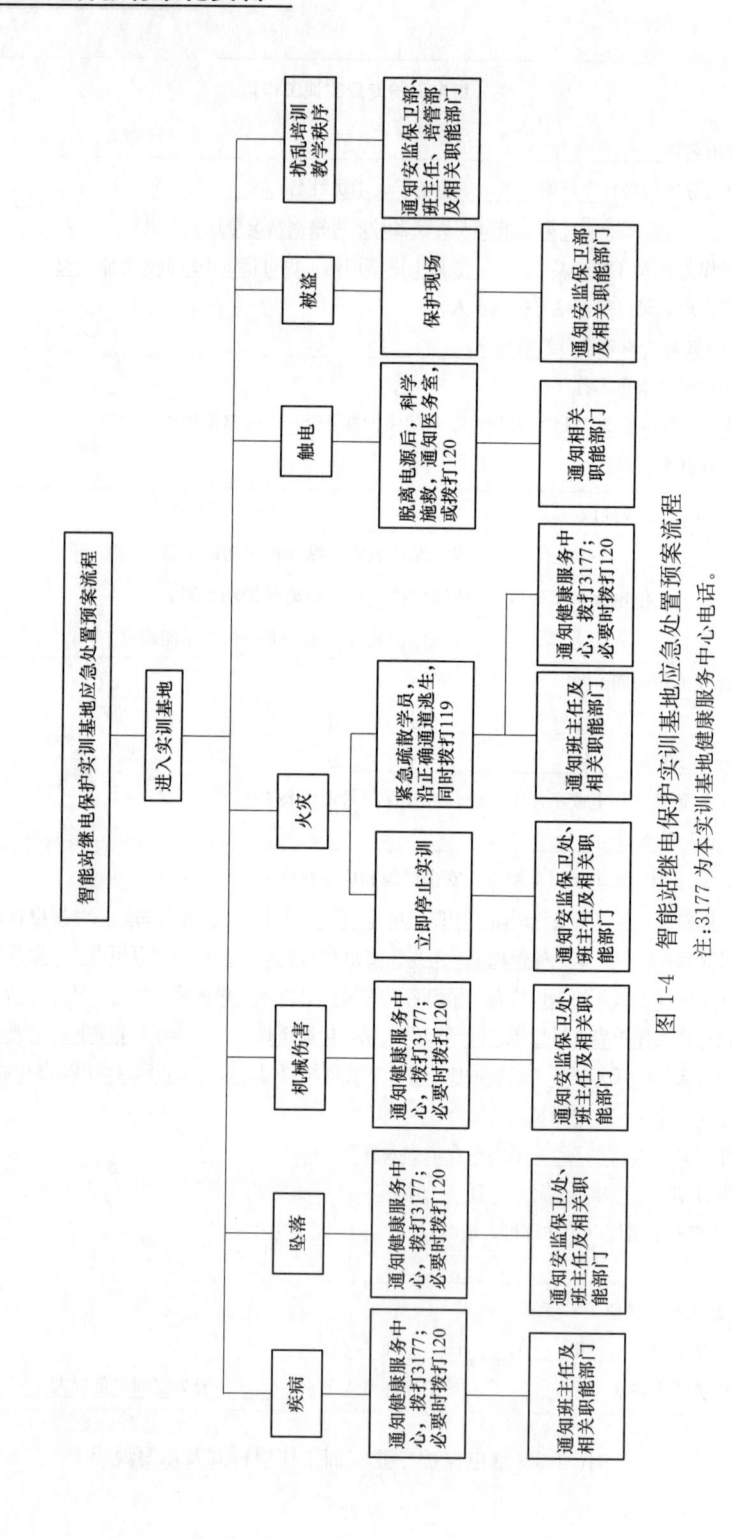

图 1-4 智能站继电保护实训基地应急处置预案流程

注：3177 为本实训基地健康服务中心电话。

二、生产现场标准化作业的一般要求（以 RCS-931 保护检验作业为例）

1. 检修前准备工作

检修前准备工作主要包括七方面的工作任务，分别为检修工作安排、检修人员要求、检修用备品备件、检修仪器仪表及工器具、检修材料、检修工作危险点分析和制订安全措施，具体内容分别见表 1-2～表 1-8。

表 1-2　　　　　　　　　　　　检修工作安排

序号	内　　容	标　　准
1	检修工作前结合一次设备停电计划，提前 3～5 天做好检修摸底工作；各单位根据具体情况在检修工作前提交相关停役申请	摸底工作包括检查设备状况、反措计划的执行情况及设备的缺陷
2	开工前一周，向有关部门上报本次工作的材料计划	
3	根据本次校验的项目，全体工作人员应认真学习作业指导书，熟悉作业内容、进度要求、作业标准、安全注意事项	要求所有工作人员都明确本次校验工作的作业内容、进度要求、作业标准及安全注意事项
4	开工前一天，准备好所需仪器仪表、工器具、最新整定单、相关材料、备品备件、相关图纸、上一次试验报告、本次需要改进的项目及相关技术资料	仪器仪表、工器具、备品备件应试验合格，满足本次施工的要求，材料应齐全，图纸及资料应符合现场实际情况
5	根据现场工作时间和工作内容落实工作票	工作票应填写正确，并按《国家电网公司电力安全工作规程》相关部分执行

表 1-3　　　　　　　　　　　　检修人员要求

序号	内　　容
1	现场工作人员应身体健康、精神状态良好
2	工作人员必须具备必要的电气知识，掌握本专业作业技能；工作负责人必须持有本专业相关职业资格证书并经批准上岗

续表

序号	内　容
3	全体人员必须熟悉《国家电网公司电力安全工作规程》的相关知识，并经考试合格
4	本套保护检验作业至少需要检验作业人员2人。其中工作负责人宜由有从事专业工作三年以上的人员担任，作业参加人应具有从事专业工作半年以上的人员担任

表1-4　　　检修用备品备件（根据现场实际需要增减）

序号	名　称	规　格	单　位	数　量	备　注
1	电源插件	—	块	1	
2	管理板	—	块	1	
3	通信板	—	块	1	

表1-5　　　检修仪器仪表及工器具（根据现场实际需要增减）

序号	名　称	规格	单位	数量	备注
1	专用转接插板	—	块	2	
2	组合工具	—	套	1	
3	电缆盘（带漏电保安器）	220V/380V/10A	只	1	
4	三相开关	380V/15A	把	1	
5	计算器	函数型	只	1	
6	绝缘电阻表	1000V、500V	只	各1	在有效期内
7	微机型继电保护测试仪（含笔记本电脑）	微机型	套	2	在有效期内
8	电子秒表	TF100F型	台	1	在有效期内
9	钳形相位表	100V/400V	只	1	在有效期内
10	电烙铁	25W	支	1	带接地线
11	试验接线	—	套	1	
12	电桥	—	只	1	在有效期内

第一章 实训基地概述

续表

序号	名称	规格	单位	数量	备注
13	光功率计	夏光 EXF0EMP-50	只	1	
14	数字万用表	四位半	只	1	
15	模拟断路器操作箱	MD分相模拟断路器，MD三相模拟断路器	只	2	

表 1-6　　　　　检修材料（根据现场实际需要增减）

序号	名称	规格	单位	数量
1	绝缘胶布	—	卷	1
2	自粘胶带	—	卷	1
3	中性笔		支	1
4	手套		副	3
5	防静电环		只	1
6	独股塑铜线	$1.5mm^2$ 和 $2.5mm^2$	盘	各1

表 1-7　　　　　检修工作危险点分析

序号	内容
1	现场安全技术措施及图纸如有错误，可能造成做安全技术措施时误跳运行设备
2	拆动二次接线如拆端子外侧接线，有可能造成二次交、直流电压回路短路、接地，联跳回路误跳运行设备
3	带电插拔插件，易造成集成块损坏
4	频繁插拔插件，易造成插件接插头松动
5	保护传动配合不当，易造成人员受伤及设备事故
6	拆动二次回路接线时，易发生遗漏及误恢复事故
7	保护室内使用无线通信设备，易造成保护不正确动作
8	断路器失灵可能启动母差保护、启动远跳及误跳运行断路器
9	漏拆联跳接线或漏取压板，易造成误跳运行设备

续表

序号	内容
10	电流回路开路或失去接地点,易引起人员伤亡及设备损坏
11	表计量程选择不当或用低内阻电压表测量联跳回路,易造成误跳运行设备
12	在直流分电屏拉合直流开关,误拉合运行设备
13	电压回路短路或未断开电压回路通电造成反充电,易引起人员伤亡及设备损坏

表 1-8　　　　　　　　　　制订安全措施

序号	内容
1	按工作票检查一次设备运行情况和措施
2	按工作票检查被试保护屏上的运行设备
3	工作时应加强监护,防止误入运行间隔,特别要注意防止误登运行变压器
4	进入工作现场,必须正确穿戴和使用劳动保护用品
5	工作票签发后工作开始前,工作负责人必须向工作成员详细说明工作内容、工作范围、相邻带电设备、危险点等情况
6	做安全技术措施前应先检查《现场安全技术措施》和实际接线及图纸是否一致,如发现不一致,应及时向专业技术人员汇报,经确认无误后及时修改,修改正确后严格执行《现场安全技术措施》
7	检查运行人员所作安全措施是否正确、足够
8	检查联跳运行设备的回路已断开
9	工作时应认真核对回路接线,查清联跳回路电缆接线,如需拆头,应拆端子排内侧并用绝缘胶布包好,并做好记录
10	严禁交、直流电压回路短路、接地
11	使用仪表应正确选择挡位及量程,防止损坏仪表或因误用低内阻挡测量直流回路造成直流接地、短路和误跳运行设备
12	禁止带电插拔插件,触及芯片前应做好防止静电的措施
13	整组试验后,严禁插拔插件
14	用控制开关拉合断路器、分电屏上直流开关的拉合应由运行人员操作
15	在传动断路器时,必须先得到一次工作负责人同意,并在断路器机构箱明显的地方挂"断路器正在传动"标示牌后,方可传动断路器

续表

序号	内　容
16	保护传动时应相互协调并由专人指挥，防止因配合不当造成设备损坏和人员受伤
17	在保护室内严禁使用无线通信设备
18	检查本屏所有保护屏上压板在退出位置
19	具体措施见安全措施票

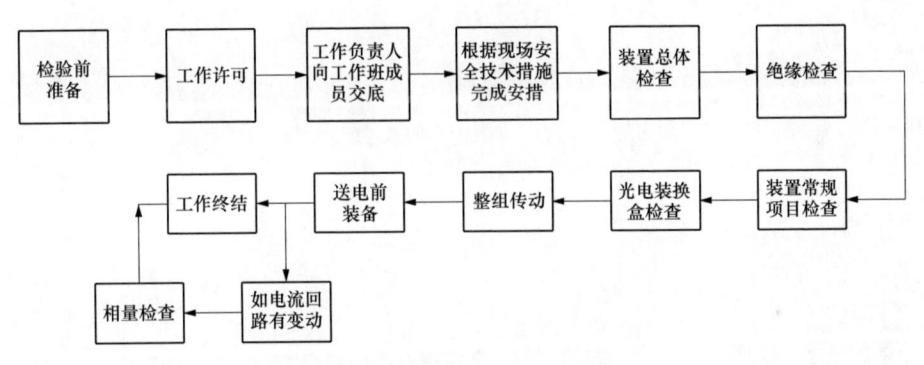

2. 保护全部校验流程

保护全部校验流程如图 1-5 所示。

```
检验前准备 → 工作许可 → 工作负责人向工作班成员交底 → 根据现场安全技术措施完成安措 → 装置总体检查 → 绝缘检查
                                                                                              ↓
相量检查 ← 如电流回路有变动   工作终结 ← 送电前装备 ← 整组传动 ← 光电装换盒检查 ← 装置常规项目检查
```

图 1-5　保护全部校验流程

3. 作业程序和作业标准

标准化作业是整个现场检修调试的重点，规定了现场检修开工前工作负责人、工作许可人、工作班成员的职责，检修电源的使用标准及注意事项，检修内容和工艺标准，竣工环节的注意事项等。其中检修内容和工艺标准是核心内容，详细规定了具体检修项目内容及其标准。以 RCS-931 保护检验为例，其检验内容主要有：①校对时钟；②保护屏后接线、插件外观检查及压板线检查；③定值整定、修改、核对；④软件版本检查；⑤电流、电压零漂检验；⑥电流、电压准确度检验；⑦保护开入量检查；⑧保护开出量检查；⑨纵联电流差动保护定值检验；⑩距离保护定值检验；⑪零序保护定值检验；⑫整组试验；⑬光纤通道联调；⑭光通道测试、检查等。具体检验方法及其标准详见《RCS-931 保护检验标准化作业指导书》。

思考与练习

（1）实训前，培训师应做好哪些方面的准备工作？

（2）如何填写实训工作票？试分析进行线路保护装置、主变保护装置、母线保护装置调试实操时，有哪些危险点，应做好哪些安全措施。

第二章

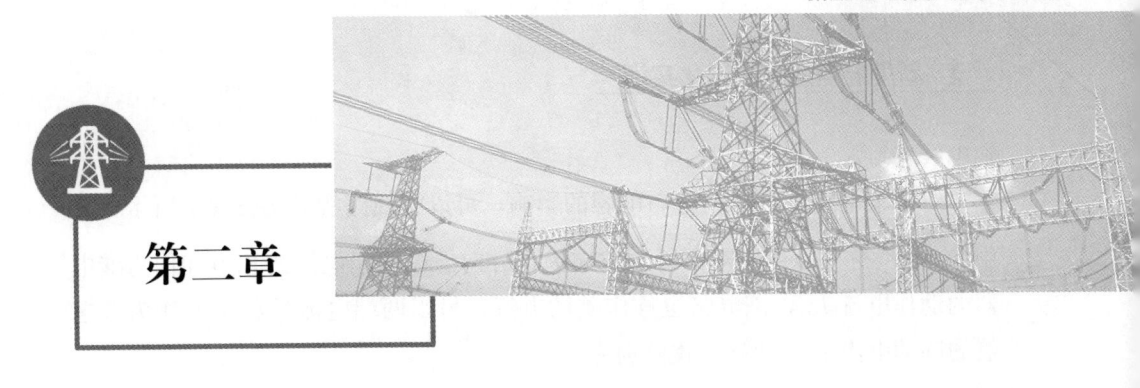

线 路 保 护

【概述】 本章主要介绍220kV及以上线路保护的调试等内容，包括保护原理、主要功能及实验方法、典型回路故障。详细分析了纵联电流差动保护、距离保护、零序电流保护以及重合闸的基本原理与试验方法，主要是针对从事现场作业的继电保护人员，需要掌握常规光纤纵差线路保护的原理及保护校验方法。

第一节 保护原理

一、纵联电流差动保护

1. 保护原理

利用光纤通信容量大的特点，相互传输线路两侧的电流相量，构成了光纤分相电流差动保护，简称光差保护。

输电线路分相电流纵差保护本身有天然的选相功能，哪一相纵差保护动作哪一相就是故障相。这一点对于同杆并架线路上发生跨线故障时，能够准确切除故障相。

继电保护通用的正方向规定为，指向被保护设备，因此所有连接到被保护设备的各支路正方向均为"指向设备"，流出电流为0，即

$$\sum_{j=1}^{N} i_j(t) = 0 \qquad (2\text{-}1)$$

式中：$i_j(t)$为第j条支路电流的瞬时值，A；N为支路的总数（对于一般的

输电线路，$N=2$）。

对于输电线路，忽略分布电容的影响，可以将线路等效为图 2-1 所示，其中 $\dot{I}_M$、$\dot{I}_N$ 分别以图 2-1 中所示方向为正方向。以两端电流的相量和作为继电器的动作电流 I_{op}，该电路也称作差动电流，另以两端电流的相量差作为继电器的制动电流 I_r，计算公式分别为

$$I_{op}=|\dot{I}_M+\dot{I}_N|$$
$$I_r=|\dot{I}_M-\dot{I}_N| \tag{2-2}$$

图 2-1 输电线路等效图

当线路内部短路时，如图 2-2 所示，两端电流的方向与规定方向相同，则有 $\dot{I}_M+\dot{I}_N=\dot{I}_k$，此时动作电流等于短路点的电流 I_k，动作电流很大。而 $I_r=|\dot{I}_M-\dot{I}_N|=|\dot{I}_k-2\dot{I}_N|$，制动电流很小，因此工作电流落在动作区域，差动继电器动作。

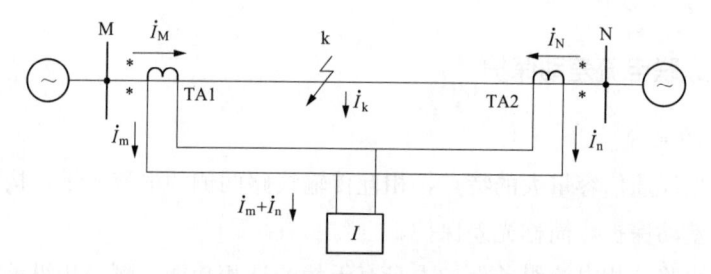

图 2-2 内部短路时电流流向图

对于保护装置而言，一次电流 $\dot{I}_M$ 由 TA 极性端流入，二次电流 $\dot{i}_m$ 由 TA 极性端流出，$\dot{I}_M$ 与 $\dot{i}_m$ 相位基本相同，假定两侧变比分别为 n_{TA1} 与 n_{TA2}，则可以得出

$$\dot{I}_M+\dot{I}_N=\frac{n_{TA1}}{n_{TA1}}\dot{I}_M+\frac{n_{TA2}}{n_{TA2}}\dot{I}_N=n_{TA1}\dot{i}_m+n_{TA2}\dot{i}_n=n_{TA1}\left(\dot{i}_m+\frac{n_{TA2}}{n_{TA1}}\dot{i}_n\right) \tag{2-3}$$

方便计算考虑，不妨设 $n_{TA1}=n_{TA2}$，则差动保护动作方程可以写为

$$\begin{cases} |\dot{I}_m+\dot{I}_n| \geqslant K|\dot{I}_m-\dot{I}_n| \\ |\dot{I}_m+\dot{I}_n| \geqslant I_{op} \end{cases} \quad (2\text{-}4)$$

I_{op} 为最小的动作门槛，也称启动值。差动保护动作特性如图 2-3 所示。

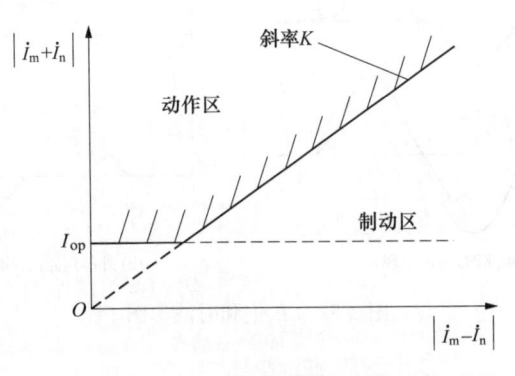

图 2-3　差动保护动作特性图

2. 影响因素及对策

（1）输电线路电容电流的影响。输电线路电压等级越高，输电线路越长，采用分裂导线，线路的电容电流也就越大，对纵差保护的影响也就越大。考虑电容电流将导致 $\dot{I}_M+\dot{I}_N=\dot{I}_{CM}+\dot{I}_{CN}$，通常将线路等效为多个 T 形或 Π 形网络（见图 2-4），再对电容电流进行补偿。

图 2-4　考虑电容电流线路等效图

补偿后的差动方程为 $|\dot{I}'_M+\dot{I}'_N| \geqslant K|\dot{I}'_M-\dot{I}'_N|$，即

$$|(\dot{I}_M-\dot{I}_{CM})+(\dot{I}_N-\dot{I}_{CN})| \geqslant K|(\dot{I}_M-\dot{I}_{CM})-(\dot{I}_N-\dot{I}_{CN})| \quad (2\text{-}5)$$

（2）TA 饱和的影响。在 TA 饱和时，由于励磁电流增大，导致二次电流出现畸变，此时流入保护装置的差动电流会产生较大误差，容易引起保护不正

确动作。

在内部或外部短路时,同时发生 TA 饱和,波形如图 2-5 所示。

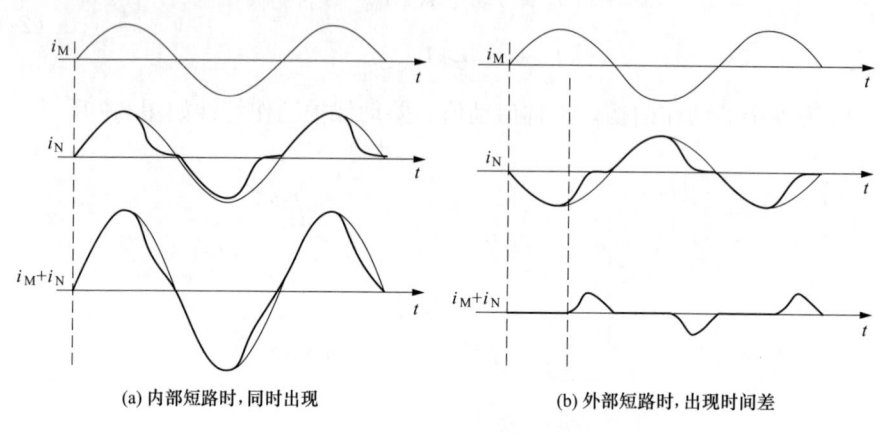

(a) 内部短路时,同时出现

(b) 外部短路时,出现时间差

图 2-5　TA 饱和时波形图

根据电感中的电流不能突变的原理,可利用突变量判别方法识别,即如果突变量与和电流出现的时间存在一定差异,则判断为外部短路引起的 TA 饱和。

(3) 两端 TA 暂态特性不一致的影响。输电线路两端 TA 的变比应该是相同的,但由于变比误差的差异在短路稳态也会造成不平衡电流。如果再考虑暂态过程中的非周期分量和谐波分量的影响,以及这些分量在各自二次回路衰减时间常数的差异,在暂态过程中都会产生新的不平衡电流。通常以保护装置的构成原理为基础,从整定定值的制动系数选取来考虑这些影响,以躲过可能出现的不平衡电流。

(4) 通道延迟的影响。对于二次测量值,如果 i_M 与 i_m 之间不同步时间差为 Δt,那么在非内部短路时,将导致出现不平衡电流,甚至不正确动作;而在内部短路时,时间差还会影响灵敏度。

保护装置在核对同步过程中,如果发现存在时间差,则从站侧应予以调整,消除 Δt,实现与主站同步。目前通常采用的基于光纤通道同步方法,采用该方法的基本条件是来回路由一致。

(5) TA 断线的影响。当正常运行时,发生 TA 断线,动作电流与制动电流都是 TA 未断线一侧的负荷电流,动作电流与制动电流也是相等的,而差动继电器的启动电流可能躲不过最大负荷电流,于是将引起差动继电器的误动。

如果要求正常运行时，TA 断线不允许纵差误动，则要求保护装置有相应的 TA 断线识别方法，同时采取 TA 断线时防止保护误动的措施。

二、距离保护

1. 距离保护工作原理

距离保护利用了电流增大、电压降低的双重特征。如图 2-6 所示，将输电线路一端的电压 $\dot{U}_m$、电流 $\dot{I}_m$ 加到阻抗继电器中，通常用测量阻抗 Z_m 表示它们的比值，即 $Z_m = \dot{U}_m / \dot{I}_m$。

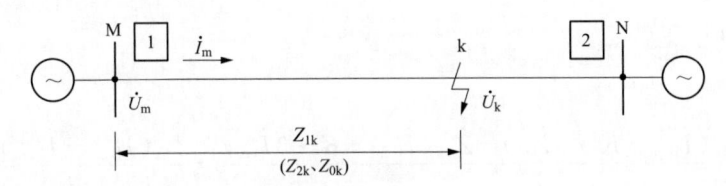

图 2-6 距离保护测量阻抗示意图

由于阻抗继电器的测量阻抗反映了短路点的远近，即故障点距保护安装处的距离，所以将以阻抗继电器为核心，反应输电线路一端电气量变化的保护称作距离保护，Z_m 计算式又可写为

$$Z_m = \frac{\dot{U}_1/n_{TV}}{\dot{I}_1/n_{TA}} = \frac{\dot{U}_1}{\dot{I}_1}(n_{TA}/n_{TV}) = Z_k(n_{TA}/n_{TV}) \quad (2\text{-}6)$$

式中：Z_k 表示短路点到保护处的实际正序阻抗。

距离保护相对于电流保护而言，其突出优点是受系统运行方式影响小，在保护范围内发生金属性故障时，保护安装处反方向的电源运行方式越大（小），流过保护的短路电流 $\dot{I}_k$ 越大（小），但是保护安装处的电压 $\dot{U}_{mk}$ 也就越大（小），仍满足 $\dot{U}_{mk} = \dot{I}_k Z_m$ 关系。

2. 电压计算与接线方式

在图 2-6 所示中发生单相接地故障，保护安装处的电压应为短路点的该相电压与输电线路上该相的压降之和。考虑输电线路正序阻抗等于负序阻抗，则

$$\dot{U}_m = \dot{U}_{1m} + \dot{U}_{2m} + \dot{U}_{0m}$$
$$= (\dot{U}_{1k} + Z_{1k}\dot{I}_{1m}) + (\dot{U}_{2k} + Z_{2k}\dot{I}_{2m}) + (\dot{U}_{0k} + Z_{0k}\dot{I}_{0m})$$

$$=\dot{U}_k+Z_{1k}(\dot{I}_{1m}+\dot{I}_{2m}+\dot{I}_{0m})+(Z_{0k}-Z_{1k})\dot{I}_{0m}$$

$$=\dot{U}_k+Z_{1k}\dot{I}_m+\frac{Z_{0k}-Z_{1k}}{3Z_{1k}}3Z_{1k}\dot{I}_{0m}$$

$$=\dot{U}_k+Z_{1k}(\dot{I}_m+K3\dot{I}_{0m}) \tag{2-7}$$

式中：K 称为零序补偿系数，$K=\dfrac{Z_{0k}-Z_{1k}}{3Z_{1k}}$。

在图 2-6 所示中发生 BC 相间短路时，保护安装处的电压应为保护安装处两个相电压之差。利用式（2-7），考虑故障点的 $\dot{U}_{B.k}=\dot{U}_{C.k}$，则可推导出

$$\frac{\dot{U}_{B.m}-\dot{U}_{C.m}}{\dot{I}_{B.m}-\dot{I}_{C.m}}=$$

$$\frac{Z_{1k}(\dot{I}_{B.m}+K\cdot 3\dot{I}_{0m})-Z_{1k}(\dot{I}_{C.m}+K\cdot 3\dot{I}_{0m})}{\dot{I}_{B.m}-\dot{I}_{C.m}}=\frac{Z_{1k}(\dot{I}_{B.m}-\dot{I}_{C.m})}{\dot{I}_{B.m}-\dot{I}_{C.m}}=Z_{1k} \tag{2-8}$$

阻抗继电器的接线方式应满足基本要求：①能够反映短路点到保护安装处的正序阻抗；②适合于任何的短路类型。

目前，常用的接线方式有两种：

（1）带零序补偿的接地距离 0°接线方式，单相测量阻抗为

$$Z_\phi=\frac{\dot{U}_\phi}{\dot{I}_\phi+K3\dot{I}_0}$$

式中：$\dot{I}_\phi$、$\dot{U}_\phi$ 分别为单相电流、电压。

（2）相间距离 0°接线方式，相间测量阻抗为

$$Z_{\phi\phi}=\frac{\dot{U}_{\phi\phi}}{\dot{I}_{\phi\phi}}$$

式中：$\dot{I}_{\phi\phi}$、$\dot{U}_{\phi\phi}$ 分别为相间电流、电压。

3. 阻抗继电器的动作特性

（1）方向圆特性。如图 2-7 所示，将圆的直径作为整定阻抗。为保护范围最大，通常设计 $\phi_{sen}=\phi_k$。这样金属性短路时，短路阻抗方向落在圆的直径方向，保护最灵敏。这是最常用的动作特性之一。

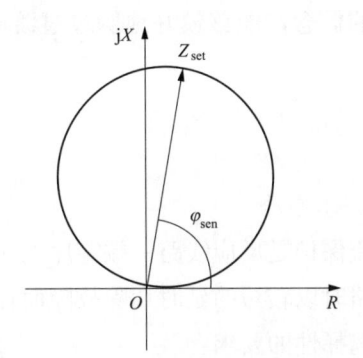

图 2-7 方向圆特性图

(2) 偏移圆特性。如图 2-8 所示，偏移特性包含了原点，克服了方向阻抗继电器的出口短路死区问题。

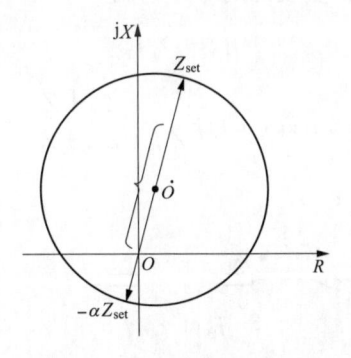

图 2-8 偏移圆特性图

(3) 多边形特性。如图 2-9 所示，由多条直线构成，每条直线的角度均确

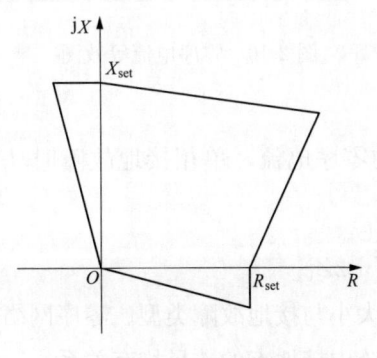

图 2-9 多边形特性图

定,淡化了最大灵敏角的概念,能够较好地躲过过渡电阻及负荷电阻的影响,这也是较常用的动作特性。

三、零序电流保护

1. 零序电流保护的基本原理

输电线路的零序电流保护是反应线路一端零序电流的保护,能区分短路点的远近,以便在近处短路时以较短的延时切除故障而在远处短路时以较长的延时切除故障,从而满足选择性的要求。

零序电流保护只能用来保护接地短路故障,所以对于两相不接地短路和三相短路不能起到保护作用。另外,零序电流保护受运行方式的影响也较大,因此零序电流保护往往作为后备保护。

如图 2-10 所示,保护安装处的零序电流为

$$\dot{I}_0 = C_0 \dot{I}_{F0}$$

式中:C_0 为零序电流分配系数,$C_0 = \dfrac{Z_N + Z_{R0}}{Z_{S0} + Z_M + Z_N + Z_{R0}}$。

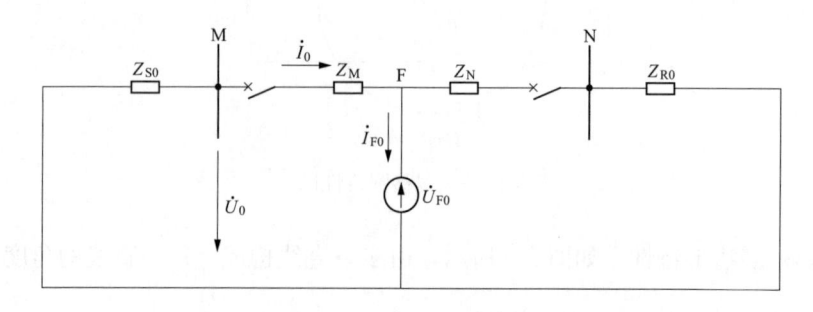

图 2-10 零序电流等效图

$\dot{I}_{F0}$ 为流过故障点的零序电流,单相接地故障时 $\dot{I}_{F0}^{(1)} = \dfrac{\dot{U}_{F0}}{2Z_{1\Sigma} + Z_{0\Sigma}}$,两相接地故障时 $\dot{I}_{F0}^{(1,1)} = \dfrac{\dot{U}_{F0}}{Z_{1\Sigma} + 2Z_{0\Sigma}}$。

可见,零序电流的大小与接地故障类型、零序网络中的分配系数、正负序阻抗、短路位置及系统中接地点的数目均有关系。

因此，零序电流保护虽然原理简单，但由于影响零序电流的因素诸多，其整定计算比较复杂。

2. 零序电压、电流的获取

（1）零序电流的获取。零序电流的获取方法一般有两种，即零序电流滤过器方式与自产 $3\dot{I}_0$ 方式。

1) 滤过器方式。在保护装置中有专门的小变换器，在二次回流上将电流互感器的三相电流连接在一起后加到变换器输入端子上，该变换器正比于输入端 $3\dot{I}_0$ 电流的输出，再通过模数转换得到 $3\dot{I}_0$，此种方式就是零电流滤过器方式，目前绝大多少保护都采用此种方式。

2) 自产 $3\dot{I}_0$ 方式。保护装置将采样得到的三相电流相量在软件中相加，这种 $3\dot{I}_0$ 值的获取方法称为自产 $3\dot{I}_0$ 方式。目前，一般用自产 $3\dot{I}_0$ 方式进行零序电流值的计算，同时在自检中比较两种获取方式 $3\dot{I}_0$ 值来检查数据是否正常。

（2）零序电压的获取。零序电压的获取方式也有两种，即自产 $3\dot{U}_0$ 方式与从 TV 开口三角处直接获取方式。

1) 自产 $3\dot{U}_0$ 方式。保护装置将采样得到的三相电压相量在软件中相加，这种 $3\dot{U}_0$ 值的获取方法称为自产 $3\dot{U}_0$ 方式。

2) 从 TV 开口三角处直接获取方式。由于 $3\dot{U}_0$ 在正常运行时基本为零，如果 $3\dot{U}_0$ 从 TV 开口三角处直接获取，而 $3\dot{U}_0$ 又反极性接入保护装置，那么在正常运行时不容易发现，而在故障时往往造成零序方向继电器的拒动或误动。因此，目前已经基本舍去从 TV 开口三角处直接获取方式，保护装置通常采用自产 $3\dot{U}_0$ 方式。

（3）零序方向的判别。零序方向元件（F_{0+}、F_{0-}）由零序功率 P_0 决定，P_0 由自产零序电压 $3\dot{U}_0$ 和自产零序电流 $3\dot{I}_0$ 与模拟阻抗 Z_D 的乘积获得（Z_D 阻抗角一般为 70°～80°）。假定 Z_D 的模值为 1，则有：

1) 零序功率 $P_0 > 0$ 时，F_{0-} 动作；

2) 零序功率 $P_0 < -1\text{VA}$（=5A）或 $< -0.2\text{VA}$（=1A）时，F_{0+} 动作。

零序保护的正方向元件由零序方向比较过电流元件和 F_{0+} 的与门输出，而零序保护的反方向元件由零序启动过电流元件和 F_{0-} 的与门输出。由此，可以得出零序方向判别的动作区域示意，如图 2-11 所示。

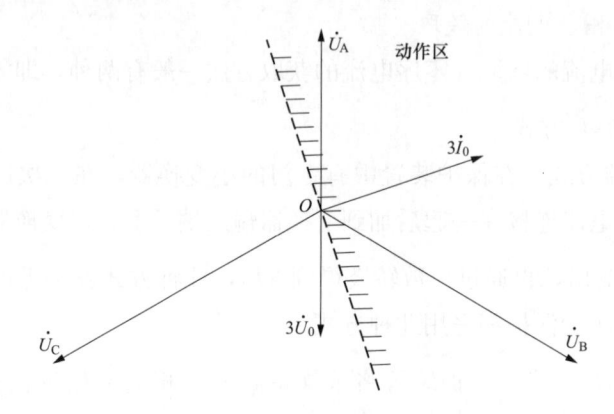

图 2-11 零序方向判别动作区域示意图

四、重合闸

当继电保护动作将线路两侧的断路器断开后，由于没有电源提供短路电流，等到足够的去游离时间后，空气可以恢复绝缘水平。

输电线路一般配置重合闸，而发电机、变压器、母线不配置重合闸。当重合于永久性故障时，需要保护快速动作跳开断路器。

1. 重合闸的分类

在 110kV 及以下电压等级的输电线路上，由于绝大多数的断路器都是三相操动机构的断路器，所以采用三相重合闸方式。

在 220kV 及以上电压等级的输电线路上，断路器一般是分相操动机构的断路器。三相断路器是独立的，可以进行分相跳闸。所以，这些电压等级中的自动重合闸可以由用户选择重合闸的方式。重合闸方式分为以下几种：

（1）单相重合闸：选相跳闸，单相重合。
（2）三相重合闸：三相跳闸，三相重合。
（3）停用重合闸：线路重合闸停用，保护三跳不重。
（4）禁止重合闸：保护重合闸停用，保护选相跳闸。

重合闸的启动方式可以分为保护启动（包括本保护和其他保护）和位置不对应启动两种。

如果只用保护启动不用位置不对应启动，则偷跳无法重合。如果只用位置不对应启动，不用保护启动，断路器辅助触点接触不良时无法启动重合闸。

2. 重合闸的充放电条件

（1）充电条件。线路保护中只有满足下列条件重合闸才允许充电：

1）重合闸的压板在投入状态。

2）三相断路器的跳闸位置继电器都未动作，$TWJ_{ABC}=0$，三相断路器都在合闸状态。

3）没有断路器压力低闭锁重合闸的开关量输入。

4）没有外部闭锁重合闸的输入，如手跳、其他保护动作等。

重合闸在满足充电条件后一般经 15s 后充电完成。

（2）放电条件。在正常运行和短路故障运行状态下出现不允许重合闸的情况时，应立即放电，闭锁重合闸。当出现下述情况之一时应闭锁重合闸：

1）有外部闭锁重合闸的输入时。如手跳、其他保护动作等。

2）保护控制字投入后的某些闭锁重合闸条件出现时。如"Ⅱ段闭锁重合闸"投入时，接地距离保护Ⅱ段、零序保护Ⅱ段动作后闭锁重合闸。

3）保护发合闸命令后。如线路发生永久性故障，保护重合于故障后加速跳开不再重合，可以保证只重合一次。

4）使用单重方式而保护三跳时。如相间故障保护发三跳令，同时闭锁重合闸。

5）闭重沟三压板合上时。如在需要停用重合闸的线路保护上，投入该压板，此时本装置重合闸也放电，闭锁重合闸，同时任何故障保护都三跳。

不同原理的保护装置有自身的重合闸充、放电条件判断，现场应根据调度指令执行重合闸投退方式。

思考与练习

（1）影响纵联电流差动保护差动电流的因素有哪些？目前通过什么方法来消除其影响？

（2）影响阻抗继电器测量阻抗的因素有哪些？

（3）方向阻抗继电器如何判别区内、区外故障？

（4）零序电流保护的零序电压获取有哪两种方式？哪一种更好？

（5）重合闸启动方式有几种？说明其各自作用。

第二节 主要功能及实验方法

本节以 PCS-931 为例,详细介绍各种保护功能及其试验方法。

一、差动保护

1. 稳态差动保护Ⅰ段

$$\begin{cases} I_d > 0.6 I_r \\ I_d > I_H \end{cases} \tag{2-9}$$

式中:I_d 为差动电流,A;I_r 为制动电流,A;I_H 为稳态Ⅰ段启动值,A。

当电容补偿不投入时,I_H 取 1.5 倍差动电流整定值和 4 倍实测电容电流的大值;当电容电流补偿投入时,I_H 取 1.5 倍差动电流整定值、1.5 倍实测电容电流和 $1.5U_N/X_{C1}$(其中 U_N 为额定电压,X_{C1} 为正序容抗)的大值。

用状态序列方式模拟试验。做单侧装置逻辑时,需进行通道自环试验,见表 2-1。

表 2-1　　稳态差动保护高值试验

状态序列	电压幅值(V)	电压相位(°)	电流幅值(A)	电流相位(°)	时间(s)	备注
状态 1	$U_A=57.7$	0	$I_A=0$	0	12	模拟正常状态
	$U_B=57.7$	−120	$I_B=0$	−120		
	$U_C=57.7$	120	$I_C=0$	120		
状态 2	$U_A=57.7$	0	$I_A=0.5mI_H$	0	0.1	模拟 A 相故障,m 取 1.05 动作,0.95 不动作
	$U_B=57.7$	−120	$I_B=0$	−120		
	$U_C=57.7$	120	$I_C=0$	120		

稳态差动保护Ⅰ段动作时间应为 20ms 左右。

2. 稳态差动保护Ⅱ段

$$\begin{cases} I_d > 0.6 I_r \\ I_d > I_M \end{cases} \tag{2-10}$$

式中：I_M 为稳态差动保护Ⅱ段启动值。

当电容补偿不投入时，I_M 取差动电流整定值和1.5倍实测电容电流的大值；当电容电流补偿投入时，I_M 取差动电流整定值、1.25倍实测电容电流和 $1.25U_N/X_{C1}$ 的大值。

用状态序列方式模拟试验。做单侧装置逻辑时，需进行通道自环试验，见表2-2。

表2-2　　　　　　　稳态差动保护低值试验

状态序列	电压幅值(V)	电压相位(°)	电流幅值(A)	电流相位(°)	时间(s)	备注
状态1	$U_A=57.7$	0	$I_A=0$	0	12	模拟正常状态
	$U_B=57.7$	−120	$I_B=0$	−120		
	$U_C=57.7$	120	$I_C=0$	120		
状态2	$U_A=57.7$	0	$I_A=0.5mI_M$	0	0.1	模拟A相故障，m取1.05动作，0.95不动作
	$U_B=57.7$	−120	$I_B=0$	−120		
	$U_C=57.7$	120	$I_C=0$	120		

稳态差动保护Ⅱ段动作时间应为40ms左右。

3. 零序差动保护

对于经高过渡电阻的接地故障，采用零序差动继电器具有较高的灵敏度。由零序差动继电器，通过低比率制动系数的稳态相差动元件选相，构成零序差动继电器。其动作方程为

$$\left. \begin{array}{l} I_{d0} > 0.75 I_{r0} \\ I_{d0} > I_L \\ I_d > 0.15 I_r \\ I_d > I_L \end{array} \right\} \quad (2\text{-}11)$$

式中：I_d 为差动电流，A；I_r 为制动电流，A；I_{d0} 为零序差动电流，A；I_{r0} 为零序制动电流，A；I_L 为零差动作值，无论电容电流补偿是否投入，I_L 取差动电流整定值和1.25倍实测电容电流的大值，A。

为了合理区分稳态差动保护Ⅱ段 I_M 和零差动作值 I_L，需在正常运行状态模拟故障前实测电容电流 I_c。正常运行时差动电流达到0.8倍差动电流（简称

差流）定值 I_d 时，满足"长期有差流"报警条件，因此要求 $I_c<0.8I_d$；为使差动保护Ⅱ段取 $1.5I_c$ 动作值，则 $1.5I_c>I_d$，即 $0.67I_d<I_c<0.8I_d$。

用状态序列方式模拟试验。做单侧装置逻辑时，需进行通道自环试验，见表 2-3。

表 2-3 零序差动保护试验

状态序列	电压幅值 (V)	电压相位 (°)	电流幅值 (A)	电流相位 (°)	时间 (s)	备注
状态 1	$U_A=57.7$	0	$I_A=0.5\times0.75I_d$	0	12	模拟正常状态
	$U_B=57.7$	-120	$I_B=0.5\times0.75I_d$	-120		
	$U_C=57.7$	120	$I_C=0.5\times0.75I_d$	120		
状态 2	$U_A=57.7$	0	$I_A=0.5mI_L$	0	0.15	模拟 A 相故障，m 取 1.05 动作，0.95 不动作
	$U_B=57.7$	-120	$I_B=0$	-120		
	$U_C=57.7$	120	$I_C=0$	120		

零序差动保护的动作时间应为 60～100ms。

二、距离保护

距离保护采用 U_1 极化的方向阻抗继电器，阻抗特性可以选择向第Ⅰ象限偏移 15°或者 30°，极化电压不带记忆功能。

1. 接地距离保护

根据 $U_\phi=m(1+K)I_\phi Z_{set.n}$，分别计算 0.95、1.05 倍阻抗定值下的电压、电流值。阻抗一般设置为正序灵敏角，若正序灵敏角与零序灵敏角相差 5°以上，则取两者的平均值。$Z_{set.n}$ 为相应接地距离保护段的阻抗整定值。

用状态序列方式模拟试验，见表 2-4。试验时，正常状态应模拟足够长时间，以消除 TV 断线，防止 TV 断线时距离保护自动退出。

距离保护试验时，故障持续时间不能过长，防止单跳失败三跳。

2. 相间距离

根据 $U_{\phi\phi}=mI_{\phi\phi}Z_{set.n}$，分别计算 0.95、1.05 倍阻抗定值下的电压、电流值。阻抗一般设置为正序灵敏角。标准的相间故障相量图如图 2-12 所示。

第二章 线路保护

表 2-4　　　　　　　　　单相接地故障距离保护试验

状态序列	电压幅值(V)	电压相位(°)	电流幅值(A)	电流相位(°)	时间(s)	备注
状态 1	$U_A=57.7$	0	$I_A=0$	0	18	模拟正常状态
	$U_B=57.7$	−120	$I_B=0$	−120		
	$U_C=57.7$	120	$I_C=0$	120		
状态 2	$U_A=m(1+K)I_A Z_{set.n}$	0	$I_A=1\sim 5$	$-\varphi$	$T_n+0.1$	模拟 A 相故障，m 取 0.95 动作，1.05 不动作，T_n 为相应段时间定值
	$U_B=57.7$	−120	$I_B=0$	−120		
	$U_C=57.7$	120	$I_C=0$	120		

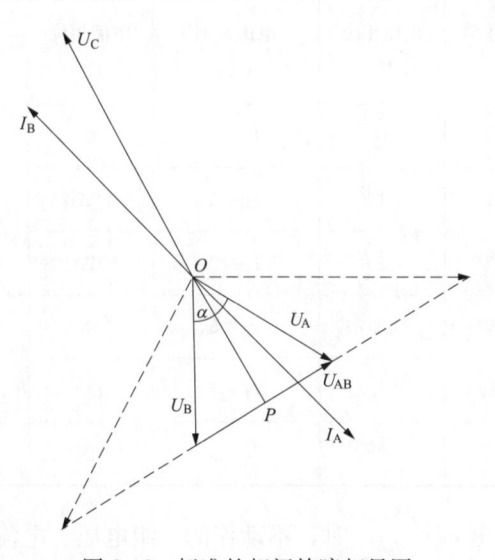

图 2-12　标准的相间故障相量图

【例 2-1】　假设 220kV 线路 AB 相间故障，U_C 为二次侧额定相电压 57.7V，故障相电流二次值为 5A，折算到二次侧的短路阻抗 2Ω，线路阻抗角为 80°。试计算该短路状态中的试验输入量。

解　若 $m=0.95$，则 $U_{AB}=0.95\times 2\times 5A\times 2Ω=19V$，系统无零序电压，即 $U_A+U_B=U_C$。

33

$$U_A = U_B = \sqrt{OP^2 + \left(\frac{1}{2}U_{AB}\right)^2} = \sqrt{\left(\frac{1}{2}U_C\right)^2 + \left(\frac{1}{2}U_{AB}\right)^2} = \frac{1}{2}\sqrt{U_C^2 + U_{AB}^2}$$

(2-12)

$$\frac{\alpha}{2} = \arctan\left[\frac{\frac{1}{2}U_{AB}}{OP}\right] = \arctan\left(\frac{U_{AB}}{U_C}\right) \quad (2-13)$$

根据式（2-12）求出 $U_A=30.39\text{V}$，根据式（2-13）求出 $\alpha/2=18.21°$。U_A 的角度为 $-60°+\alpha/2=-41.79°$，U_B 的角度为 $-60°-\alpha/2=-78.21°$；I_A 的角度为 $30-80=-50°$，I_B 的角度为 $-50+180=130°$。

用状态序列方式模拟上述故障，见表 2-5。试验时，正常状态应模拟足够长时间，以消除 TV 断线，防止 TV 断线时距离保护自动退出。

表 2-5　　　　　　　　相间故障距离保护试验

状态序列	电压幅值（V）	电压相位（°）	电流幅值（A）	电流相位（°）	时间（s）	备注
状态 1	$U_A=57.7$	0	$I_A=0$	0	18	模拟正常状态
	$U_B=57.7$	−120	$I_B=0$	−120		
	$U_C=57.7$	120	$I_C=0$	120		
状态 2	$U_A=30.39$	−41.79	$I_A=5$	−50	$T_n+0.1$	模拟 AB 相间故障，T_n 为相应段时间定值
	$U_B=30.39$	−78.21	$I_B=5$	130		
	$U_C=57.7$	120	$I_C=0$	120		

同理，可计算出 $m=1.05$ 时，不动作的一组电压、电流数值及相位。

3. 工频变化量距离保护

工频变化量距离保护是快速距离保护的一种，其动作时间很快，只能用于主保护。针对接地故障和相间故障的相电压 U_ϕ 和线电压 $U_{\phi\phi}$ 为

接地故障

$$U_\phi = (1+K)I_\phi Z_{set} + (1-m)U_{N\phi} \quad (2-14)$$

相间故障

$$U_{\phi\phi} = I_{\phi\phi}Z_{\rm set} + (1-m)U_{\rm N\phi\phi} \tag{2-15}$$

根据经验值，m 取 1.4 动作，m 取 0.9 不动作。其试验方法与前述 2.1、2.2 节试验类似。

三、零序保护

1. 零序电流保护

用状态序列方式模拟试验，见表 2-6。试验时，正常状态应模拟足够长时间，以消除 TV 断线，防止 TV 断线时距离保护自动退出。

表 2-6　　　　　　　　零序保护试验

状态序列	电压幅值 (V)	电压相位 (°)	电流幅值 (A)	电流相位 (°)	时间 (s)	备注
状态 1	$U_A=57.7$ $U_B=57.7$ $U_C=57.7$	0 −120 120	$I_A=0$ $I_B=0$ $I_C=0$	0 −120 120	15	模拟正常状态
状态 2	$U_A=30$ $U_B=57.7$ $U_C=57.7$	0 −120 120	$I_A=I_{{\rm set}.n}$ $I_B=0$ $I_C=0$	−78 −120 120	$T_n+0.1$	模拟 A 相故障，T_n 为相应段时间定值

2. 非全相运行

非全相运行流程包括非全相状态和合闸于故障，保护跳闸固定动作或跳闸位置继电器 TWJ 动作且无流，经 50ms 延时置非全相状态。

在非全相运行状态下，退出与断开相相关的相、相间变化量距离继电器，将零序过电流保护Ⅱ段退出，Ⅲ段不经方向元件控制。

当线路因某原因单相运行时，由单相运行三跳元件切除运行相。其判据为：有两相 TWJ 动作且对应相无电流（$<0.06I_N$），而零序电流大于 $0.15I_N$，且"零序电流保护"控制字投入。满足以上判据则延时 200ms 发单相运行三跳命令。

用状态序列方式模拟单相运行三跳试验，见表 2-7。

表 2-7　　　　　　　　　　　单相运行三跳试验

状态序列	电压幅值 (V)	电压相位 (°)	电流幅值 (A)	电流相位 (°)	时间 (s)	备注
状态 1	U_A=57.7 U_B=57.7 U_C=57.7	0 −120 120	I_A=0 I_B=0 I_C=0	0 −120 120	15	A 相开关合位，B、C 相分位。模拟非全相运行状态
状态 2	U_A=57.7 U_B=57.7 U_C=57.7	0 −120 120	I_A=0.2I_N I_B=0 I_C=0	0 −120 120	0.25	模拟 A 相非全相运行，三跳切除运行相

四、重合闸及后加速

重合闸试验可结合差动、距离、零序保护试验完成。后加速模拟合于故障，阻抗在距离保护Ⅱ段范围内，距离加速元件动作三跳，状态持续时间 100ms；零序电流大于零序加速定值，零序加速元件动作三跳，状态持续时间 150ms。

对于手合加速需模拟断路器在分位时，手合于故障状态，测量阻抗在距离保护Ⅲ段定值范围内，距离加速元件动作三跳，状态持续时间 100ms；零序电流大于零序加速定值，零序加速元件动作三跳，状态持续时间 150ms。

用状态序列方式模拟重合闸及后加速试验。通道自环，模拟稳态差动保护Ⅱ段及零序后加速，见表 2-8。

表 2-8　　　　　　　　　　　重合闸及后加速试验

状态序列	电压幅值 (V)	电压相位 (°)	电流幅值 (A)	电流相位 (°)	时间 (s)	备注
状态 1	U_A=57.7 U_B=57.7 U_C=57.7	0 −120 120	I_A=0 I_B=0 I_C=0	0 −120 120	15	模拟正常状态
状态 2	U_A=57.7 U_B=57.7 U_C=57.7	0 −120 120	I_A=0.5×1.05×I_M I_B=0 I_C=0	0 −120 120	0.1	模拟 A 相故障

续表

状态序列	电压幅值（V）	电压相位（°）	电流幅值（A）	电流相位（°）	时间（s）	备注
状态 3	$U_A=57.7$	0	$I_A=0$	0	T_{re}	T_{re} 为重合闸整定时间加 0.1s
	$U_B=57.7$	-120	$I_B=0$	-120		
	$U_C=57.7$	120	$I_C=0$	120		
状态 4	$U_A=30$	0	$I_A=I_{set.0}$	-78	0.15	$I_A=I_{set.0}$ 为零序加速定值，且 U_A 应能躲过距离保护Ⅱ段动作电压
	$U_B=57.7$	-120	$I_B=0$	-120		
	$U_C=57.7$	120	$I_C=0$	120		

用状态序列方式模拟手合及后加速试验。通道自环，模拟距离保护Ⅰ段及距离后加速，见表 2-9。

表 2-9　　　　　　　　手合及后加速试验

状态序列	电压幅值（V）	电压相位（°）	电流幅值（A）	电流相位（°）	时间（s）	备注
状态 1	$U_A=57.7$	0	$I_A=0$	0	手合开入触发	模拟正常运行状态后，利用开关合位触点触发下一个状态
	$U_B=57.7$	-120	$I_B=0$	-120		
	$U_C=57.7$	120	$I_C=0$	120		
状态 2	$U_A=m(1+K)I_A Z_{set.Ⅰ}$	0	$I_A=5$	$-\varphi$	0.1	模拟 A 相故障
	$U_B=57.7$	-120	$I_B=0$	-120		
	$U_C=57.7$	120	$I_C=0$	120		
状态 3	$U_A=57.7$	0	$I_A=0$	0	T_{re}	T_{re} 为重合闸整定时间+0.1s
	$U_B=57.7$	-120	$I_B=0$	-120		
	$U_C=57.7$	120	$I_C=0$	120		
状态 4	$U_A=m(1+K)I_A Z_{set.Ⅲ}$	0	$I_A=5$	$-\varphi$	0.1	通过时间躲过零序加速定值，若不能则需躲过零序电流大小
	$U_B=57.7$	-120	$I_B=0$	-120		
	$U_C=57.7$	120	$I_C=0$	120		

试验训练

除试验项目特殊声明的，以下试验项目重合闸方式为单重方式。

（1）自环方式下，校验稳态差动保护Ⅰ、Ⅱ段定值，要求在 A 相加量完成试验。

（2）线路正常运行，线路保护正常投入，模拟本侧线路出口处 A 相瞬时性（或永久性）故障，检验保护动作行为。

（3）模拟 B 相高阻接低故障，零序差动保护动作。

（4）模拟线路正常运行时，发生 A 相永久性故障，故障点恰好在距离保护Ⅱ段范围，重合后零序后加速动作，距离后加速不动作。

（5）模拟线路 C 相故障，检验距离保护Ⅱ段定值、带重合闸传动跳闸回路。

（6）模拟 BC 相间故障，校验工频变化量阻抗定值。

（7）模拟线路 A 相永久性故障，要求零序过电流Ⅱ段动作，重合于故障，距离后加速动作，零序加速不动作。

（8）模拟 AB 相间故障，校验相间距离保护Ⅰ段定值。

（9）模拟试验，使保护单相运行三跳动作；模拟试验使保护发出 TA 断线报文。

（10）投入三重方式，投入检同期重合闸，模拟区内瞬时故障，使得差动保护Ⅰ段动作，重合成功，并检验检同期重合闸有压定值、同期合闸角。

（11）模拟线路正常运行时，在距离保护Ⅰ段 60% 范围发生金属性 AB 相间故障，检验保护动作行为。

（12）模拟线路正常运行时，在距离保护Ⅰ段 50% 范围发生金属性 A 相瞬时接地故障，故障接地电阻 2Ω，检验保护动作行为。

第三节　典型回路故障设置与排查

常见的故障类型一般分为装置故障和回路故障，装置故障多为定值及软压板设置故障，较为容易排查。这里重点分析二次回路故障。

常见的虚接故障设置方法如下：

（1）采用透明胶带或绝缘胶带包二次接线头；

(2) 处理短接片上的短接螺栓，使得某个试验端子与短接片不连接；

(3) 处理试验端子内部连通机构，使得端子左右两侧不通；

(4) 处理压板内部接线柱，使得压板前后两端不通；

(5) 采用假导线接入对应端子，真导线隐藏起来；

(6) 真导线与备用导线互换，导致回路不通；

(7) 将某个常闭触点串入某个回路中，当常闭触点断开时，形成虚接。

常见的短接故障设置方法如下：

(1) 采用细铜丝，连接两个端子；

(2) 采用细铜丝，连接压板上下端子；

(3) 采用细铜丝，连接两个压板同一端；

(4) 将某个常开触点并在两个端子之间，当常开触点闭合时形成短路；

(5) 利用端子连片变形或伸长，连接相邻端子。

一、交流回路

装置内部的交流采集板一般通过小的变换器再经过模数转换，将二次电压、电流值进行采样、计算。常见交流回路故障点设置、故障现象及排查方法见表2-10。

表2-10　　常见交流回路故障点设置、故障现象及排查方法

故障类别	故障点设置	故障现象	排查方法
TA分流	两个相TA输入端短接	两个故障相的电流幅值异常，不影响非故障相电流和外接零序电流	检查故障相电流端子有无附加短接线
	相TA的极性端与非极性端短接	一个故障相的电流幅值异常，不影响非故障相电流和外接零序电流	检查故障相电流端子有无附加短接线
	零序TA的极性端与非极性端短接	外接零序电流幅值异常，不影响相电流	检查外接零序电流端子有无附加短接线
TA开路	相TA在极性端或非极性端开路	故障相和外接零序电流的幅值异常，不影响非故障相电流	万用表测量相TA回路电阻
	零序TA在极性端或非极性端开路	三相电流的幅值/相位异常，无零序电流	N相开路，万用表测量零序TA回路电阻

续表

故障类别	故障点设置	故障现象	排查方法
TA极性错误	相TA的极性端与非极性端交换	故障相的电流相位错误,不影响非故障相电流和外接零序电流	检查故障相电流端子号
TA相序错误	相TA的两个极性端交换	故障相的电流幅值/相位错误,不影响非故障相电流和外接零序电流	根据幅值和相位确定故障相别,检查故障相电流端子号
	三相TA的极性端顺序交换	故障相的电流幅值/相位错误,不影响外接零序电流	根据幅值和相位确定故障相别,检查故障相电流端子号
TV短路(通常不设置该故障,会导致试验仪报警)	两相TV输入端短接一相TV输入端与N相短接	保护试验仪报警(鸣叫),无法输出电压	用万用表测量两相之间和相地之间的电阻,确定短接位置
TV开路	某相TV开路	故障相电压幅值异常,不影响非故障相电压	万用表测量相TV回路电阻,检查TV相端子
	TV的N相开路	三相电压的幅值/相位异常,零序电压为三次谐波	N相开路,检查TV的N相端子
TV相序错误	两相TV的输入端交换	故障相的电压幅值/相位错误,不影响非故障相电压	根据幅值和相位确定故障相别,检查故障相电流端子号
	三相TV的输入端顺序交换	故障相的幅值/相位错误	

常见的排查思路是,试验人员可以利用试验仪输出大小不等、角度对称的三相电流和电压,检查装置的采样值和相角,以判断故障点。

二、开入回路

线路保护的开入回路可分为功能开入及保护相关开入。

功能开入包括光耦监视、功能压板、信号复归、打印等。

保护相关开入包括断路器TWJ、闭锁重合闸开入、低气压闭锁重合闸、远跳远传等。

这些开入都可以根据保护装置开入板的电源不同接入 24V 光耦或 220V 光耦。若接入 24V 光耦电源不接地，测量时应以光耦正/负电源作为参考电位。常见开入回路故障点设置、故障现象及排查方法见表 2-11。

表 2-11　　　　常见开入回路故障点设置、故障现象及排查方法

故障类别	故障点设置	故障现象	排查方法
光耦电源公共端虚接	光耦电源公共端虚接或挪至其他端子	投入任一个功能压板时，对应的开入无变位报告，影响保护的功能试验	功能压板光耦电源消失，检查电缆、短接片、端子
	功能压板公共端虚接或挪至其他端子		
光耦电源定值更改	保护装置光耦开入电源设置与实际不符	装置报"插件 X 开入电源异常"	检查光耦开入电源
功能压板回路虚接	将特定功能压板回路端子虚接或挪至其他端子	投入该功能压板时，对应的压板不变位，无变位报告，影响保护的功能试验	功能压板回路断线，检查对应的压板及其相关回路
	光耦监视输入电缆虚接或挪至其他端子	报"光耦失电"，不影响任何功能	光耦监视回路断线，检查对应的电缆及短接片
功能压板回路短接	将特定功能压板上下端子短接	对应功能压板开入始终投入	检查对应的压板及其相关回路
	两个功能压板下端短接	投入一个压板，两个开入同时变位	检查同时变位的开入回路
功能压板回路串入异常接点	将"装置异常"接点串在"光耦电源＋"与功能压板公共部分	未试验时，装置报"TV 断线"，异常接点闭合，功能压板可正常投退；电压恢复后，"TV 断线"复归，断开"光耦电源＋"与功能压板公共部分，保护功能退出，影响保护试验	在试验的过程中，保护不动作，通过分析装置的变位报告，确定有无异常变位；检查光耦输入回路

续表

故障类别	故障点设置	故障现象	排查方法
复归按钮异常	复归按钮接点短接	保护跳闸时,跳闸信号灯不亮	检查复归按钮及其开入回路
	复归按钮接点虚接	保护跳闸时,信号灯不能复归	
TWJ异常	短接TWJ接点与公共端	TWJ异常,保护不能充电	检查跳闸位置回路
	TWJ继电器回路虚接	传动试验时,保护单跳无变位,不影响重合闸功能	检查开入量输入,通过模拟断路器分相给跳位,检查对应开入
	TWJ接点电缆虚接		
	两相或三相TWJ继电器回路短接	传动试验时,保护跳单相时装置会收到两相或三相位置,不会启动重合闸	检查跳闸位置回路
	两相TWJ继电器回路交换	传动试验时,保护单跳,但非对应相的TWJ变位,不影响重合闸功能,但可能导致加速保护不动作	该故障点现象不明显,检查装置的变位,任两相位置接点交换报告
闭锁重合闸开入及低气压闭锁重合闸开入异常	闭锁重合闸输入短接	闭锁重合闸开入为1,不充电	检查闭锁重合闸开入回路
	利用保护单跳接点(备用跳闸、遥信等)启动闭锁重合闸开入	保护单跳后放电,若故障电流持续,保护再三跳	检查闭锁重合闸开入的相关回路,退出出口压板,以判断闭锁重合闸开入是由保护接点引起的还是操作箱接点闭合引起的
	利用操作箱的位置继电器接点启动闭锁重合闸开入	保护单跳,TWJ变1的同时,闭锁重合闸三跳开入也变为1,重合闸放电	
	低气压闭锁重合闸输入短接	低气压闭锁重合闸开入为1,不充电	检查低气压闭锁重合闸开入回路
	闭锁重合闸输入与低气压闭锁重合闸输入交换,并将其中一个与公共端短接	闭锁重合闸开入为1,不充电(实际由低气压闭锁重合闸引起)	检查闭锁重合闸开入回路,逐级查找,发现在某端子开始闭锁重合闸输入消失,变为低气压闭锁重合闸输入

续表

故障类别	故障点设置	故障现象	排查方法
操作电源失电	操作箱正电或负电源虚接	操作箱直流监视电源不亮，不能分合闸	检查直流电源输入回路
远跳开入异常	利用保护的单跳接点启动远跳开入	保护单跳时，远跳开入变为1，保护三跳，重合闸放电（差动功能压板与其他保护动作压板须投入）	检查远跳开入的相关回路，如位置信号回路、跳闸信号

三、出口回路

线路采用分相操作箱，涉及分相的跳闸回路，手分、手合回路、TJR、TJF、TJQ回路，重合、压力回路等多个动态回路，故障点通常相互交叉，比较难以通过现象准确定位故障点，必须逐项排除。

对于出口回路的故障，可借助分合位监视回路以及利用短接线逐级短接出口的试验方式来缩小故障点范围。常见出口回路故障点设置、故障现象及排查方法见表2-12。

表2-12　　常见出口回路故障点设置、故障现象及排查方法

故障类别	故障点设置	故障现象	排查方法
三跳TJQ/永跳TJR/非电气量跳TJF回路问题	保护单跳接点接到TJR、TJQ、TJF	保护单跳时，操作箱三跳并闭锁重合闸	检查永跳等输入端的连线，确认是否与保护跳、合闸回路、位置回路以及各种信号回路的接点有关
	保护重合闸接点接到TJR、TJQ、TJF	保护重合时，操作箱合闸不成功，断路器三跳	
	"跳闸位置接点"驱动TJR、TJQ、TJF	保护单跳时，对应的位置接点闭合驱动TJR、TJQ、TJF回路，操作箱三跳并闭锁重合闸	

续表

故障类别	故障点设置	故障现象	排查方法
手跳 ST 回路问题	保护单跳接点接到手跳回路	保护单跳时,操作箱三跳并闭锁重合闸,非故障相跳闸灯不亮	检查手跳输入端的连线,确认是否与保护跳、合闸回路、位置回路以及各种信号回路的接点有关
	保护重合闸接点接到手跳回路	保护重合时,操作箱三跳,合闸不成功,跳闸灯不亮	
	"跳闸位置接点"接到手跳回路	保护单跳时,操作箱三跳并闭锁重合闸,跳闸灯不亮	
手合 SH/重合 CH 回路问题	保护重合闸回路虚接	保护重合时,断路器合不上,操作箱的重合闸灯不亮	检查保护重合闸输出、操作箱输入回路
	操作箱重合闸输入端虚接		
	保护重合闸接点接到手合回路	保护重合时,断路器合闸成功,但操作箱的重合闸灯不亮	检查重合闸回路、信号复归回路
	三相跳闸位置继电器接点接到手合或重合回路	重合于故障三跳时,三相位置接点串联闭合驱动合闸回路,导致断路器再次合闸	检查手合/重合回路的寄生回路
分相跳闸回路异常	保护出口回路虚接	保护单跳时,操作箱跳闸灯不亮,断路器跳不开	检查应跳开相对应回路可能虚接的地方
	操作箱分相跳闸输入端虚接		
	操作箱分相跳闸输出端虚接		
	操作箱分相跳闸输入两相互换	保护单跳时,操作箱另一相跳开	检查操作箱分相跳闸输入
	操作箱分相跳闸输入两相短接	保护单跳时,操作箱跳开两相	检查操作箱这两相跳闸回路短接点

续表

故障类别	故障点设置	故障现象	排查方法
操作箱复归按钮	复归按钮接点短接	保护跳闸时,操作箱跳闸信号灯不亮	检查操作箱复归按钮及跳保持回路
	复归按钮接点虚接	保护跳闸时,操作箱信号灯不能复归	
压力回路异常	压力降低禁止操作4YJJ输入端与正电短接	4YJJ继电器动作复归11YJJ/12YJJ继电器,跳合闸回路被断开	检查压力闭锁回路
	压力降低禁止跳闸11YJJ/12YJJ输入端虚接正电或与负电短接	11YJJ/12YJJ继电器不动作,跳合闸回路被断开	

试验训练

(1) 在给线路保护加额定电压采样时,发现三相电压为99、98、57V,请判断可能的故障点有哪些?

(2) 在给线路保护加分相电压采样时,实验仪输出$10\angle 0°$、$20\angle -120°$、$30\angle 120°$V,保护装置显示电压大小为17、22、27V,请判断可能的故障点有哪些?

(3) 在给线路保护加额定电压、电流采样时,电压显示$57\angle 0°$、$57\angle -120°$、$57\angle 120°$V,电流显示$1\angle -30°$、$1\angle 30°$、$1\angle 90°$A,请判断可能的故障点有哪些?

(4) 在检查功能压板时,发现"纵差保护投入"压板投入时"距离保护投入""零序保护投入"压板能够实现保护投退;"纵差保护投入"压板退出时,"距离保护投入""零序保护投入"压板无效,请判断可能的故障点有哪些?

(5) 在手合开关时,检查开入回路发现"低气压闭重(闭锁重合闸)开入"由0变1;开关合上后,"低气压闭重开入"复归,此过程"闭锁重合闸开入"未变位,请判断可能的故障点有哪些?

(6) 分相检查开关TWJ开入时,发现单独跳开A相断路器时,A相TWJ为0,B相TWJ为1,C相TWJ为0;单独跳开B相断路器时,A相TWJ为

0，B相TWJ为0，C相TWJ为0，单独跳开C相开关时，A相TWJ为0，B相TWJ为0，C相TWJ为1。请判断可能的故障点有哪些？

（7）在利用稳态纵差保护Ⅰ段模拟A相瞬时接地故障时，发现断路器三跳不重合闸，已知定值及采样没有问题，请判断可能的故障点有哪些？

（8）在利用纵差稳态保护Ⅰ段模拟B相瞬时永久故障时，B相开关跳开后，保护装置重合闸动作，但是断路器未合上，之后A、C两相断路器跳开，已知定值及采样没有问题，请判断可能的故障点有哪些？

第三章

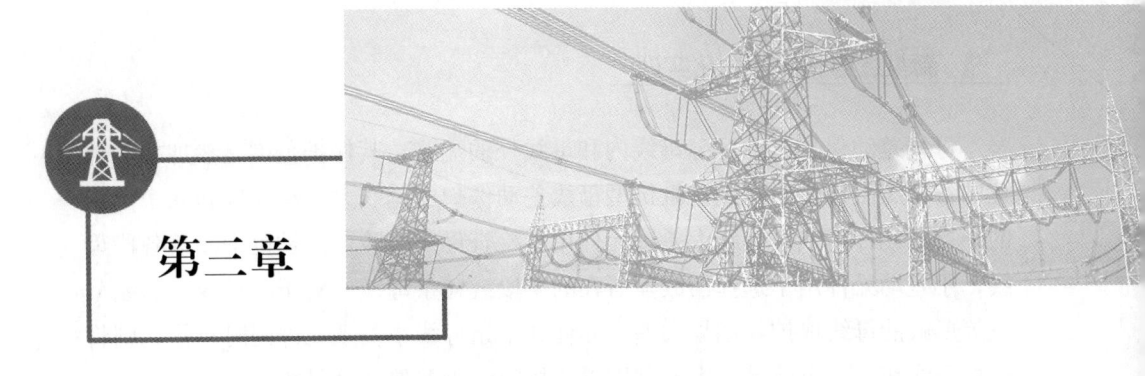

母线保护调试内容

【概述】 本章主要介绍了南瑞 PCS-915 系列母线保护装置调试的相关内容，包括保护原理、主要试验方法、典型回路故障设置与排查等。通过本章的学习，可加强对母线保护原理的理解，提升母线保护调试水平和故障排查能力。

第一节 保护原理

一、母线差动保护

如果规定母线上各连接单元里从母线流出的电流为电流的正方向，也就是各连接单元 TA 的同极性端在母线侧，母差保护是把各连接单元 TA 二次侧电流的相量和的幅值作为差动电流 I_d，把各连接单元 TA 二次侧电流的标量和的幅值作为制动电流 I_r，表达式为

$$\begin{cases} I_d = \left| \sum_{j=1}^{m} I_j \right| \\ I_r = \sum_{j=1}^{m} |I_j| \end{cases} \tag{3-1}$$

式中：m 为母线上连接元件数量；I_j 为母线所连接第 j 条支路的电流。

母线在正常运行及外部故障时，根据基尔霍夫第一定律，如果不考虑 TA 的误差等因素，理想状态下各电流的相量和等于零。如果考虑了各种误差，差动电流应该是一个不平衡电流，此时母差保护应当可靠不动作。

母线差动保护可以区分母线内和母线外的短路,其保护范围是参加差动计算的各 TA 所包围的范围。微机型母线差动保护由母线大差动元件和几个母线的小差动元件组成。母线大差动元件用于检查母线故障,保护范围涵盖各段母线;小差动元件用于选择出故障所在的某段或某条母线,对于双母线、母线分段等形式的母线保护,如果大差动元件和某条母线小差动元件同时动作,则将该条母线切除,也就是"大差判别母线故障,小差选故障母线"。

在差动元件中应注意 TA 极性的问题,一般各支路 TA 同极性端在母线侧,母联断路器 TA 的同极性端可在Ⅰ母侧或Ⅱ母侧。如果母联 TA 同极性端在Ⅰ母侧,如图 3-1 (a) 所示,Ⅰ母小差动元件计算电流是连接在Ⅰ母上所有支路电流的相量和再加上母联电流,Ⅱ母小差动元件计算电流是连接在Ⅱ母上所有支路电流的相量和再减去母联电流;反之,图 3-1 (b) 所示为母联 TA 同极性端在Ⅱ母侧。如果 TA 同极性端不满足装置的规定则可能导致母差保护误动或者拒动。

(a) 母联TA同极性端在Ⅰ母侧   (b) 母联TA同极性端在Ⅱ母侧

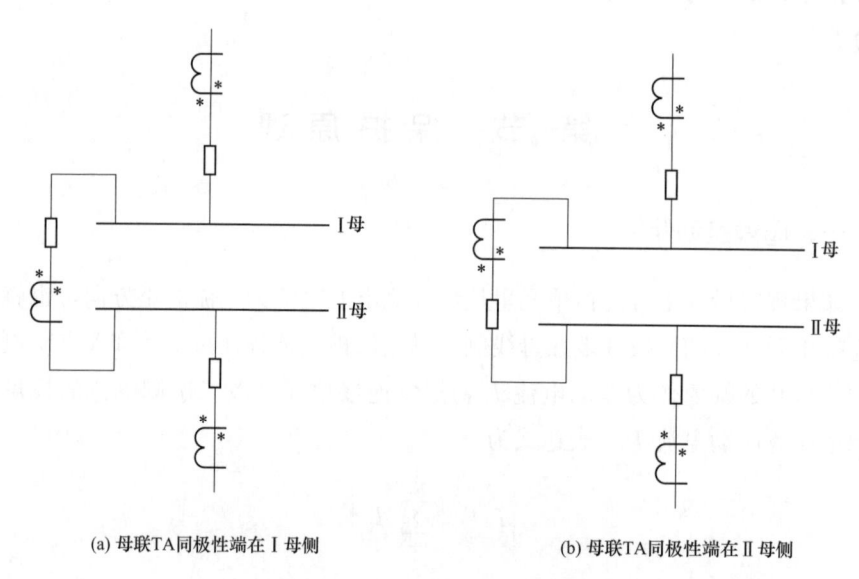

图 3-1 母联 TA 极性示意图

PCS-915 系列母差保护由分相式比率差动元件构成。另外,为提高保护的动作可靠性,在保护中还设置有启动元件、复合电压闭锁元件、TA 二次回路

注:本章插图中部分器件的图形符号与实训设备保持一致,未采用国标符号。

断线闭锁元件及 TA 饱和检测元件等。

二、比率差动元件

1. 稳态量比率差动元件

动作判据可写成公式

$$\begin{cases} I_d > I_{set.0} \\ I_d > K_r I_r \end{cases} \quad (3-2)$$

式中：K_r 为制动系数；$I_{set.0}$ 为差动电流启动定值。

其动作特性曲线如图 3-2 所示，图中阴影区域表示动作区，差动元件的动作电流随着制动电流的增大而增大，有利于外部短路时躲过不平衡电流使保护不误动。

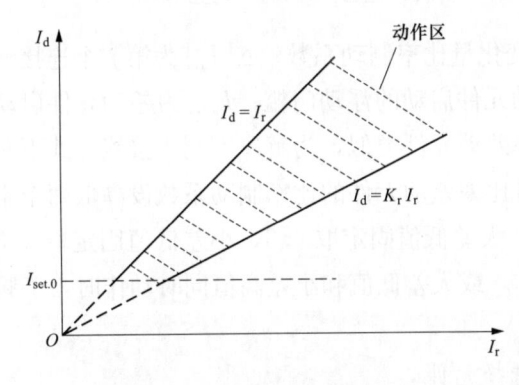

图 3-2 比率差动元件动作特性曲线

为防止在母联断路器断开的情况下，弱电源侧母线发生故障时大差比率差动元件的灵敏度不够，比率制动系数设高低两个定值：大差高值固定取 0.5，小差高值固定取 0.6；大差低值固定取 0.3，小差低值固定取 0.5。

当大差高值和小差低值同时满足，或大差低值和小差高值同时满足时，比率差动元件动作。

2. 工频变化量比率差动元件

为提高保护抗过渡电阻能力，PCS-915 系列母差保护除采用由差动电流构成的常规比率差动元件外，还采用工频变化量电流构成了工频变化量比率差动元件，与制动系数固定为 0.2 的常规比率差动元件配合构成快速差动保护。

工频变化量比率差动元件由电压工频变化量元件启动。当两段母线任一相

电压工频变化量大于门槛（由浮动门槛和固定门槛构成）时，电压工频变化量元件动作，其判据为

$$\Delta u > \Delta U_T + 0.05 U_N \tag{3-3}$$

式中：Δu 为相电压工频变化量瞬时值；U_N 为额定相电压；$0.05 U_N$ 为固定门槛；ΔU_T 是浮动门槛，随着变化量输出变化而逐步自动调整。

当工频电压变化量元件启动后 500ms 之内，工频变化量比率差动元件动作，则工频变化量比率差动保护动作。工频变化量比率差动元件动作判据为

$$\begin{cases} \left|\Delta \sum_{j=1}^{m} I_j \right| > \Delta I_{dT} + I_{set.0} \\ \left|\Delta \sum_{j=1}^{m} I_j \right| > K'_r \sum_{j=1}^{m} \Delta |I_j| \end{cases} \tag{3-4}$$

式中：K'_r 为工频变化量比率制动系数；$\Delta |I_j|$ 为第 j 个连接元件的工频变化量电流；ΔI_{dT} 为差动元件启动的浮动门槛；$I_{set.0}$ 为差动元件启动的固定门槛。

与稳态量比率差动元件类似，为解决不同主接线方式下制动系数灵敏度的问题，工频变化量比率差动元件的比率制动系数设高低两个定值：大差和小差高值固定取 0.65；大差低值固定取 0.3，小差低值固定取 0.5。当大差高值和小差低值同时动作，或大差低值和小差高值同时动作时，工频变化量比例差动元件动作。

3. 故障母线选择元件

差动保护根据母线上所有连接元件电流采样值计算出大差电流，构成大差比率差动元件，作为差动保护的区内故障判别元件。

装置根据各连接元件的隔离开关位置开入计算出各条母线的小差电流，构成小差比率差动元件，作为故障母线选择元件。

当大差抗饱和元件动作，同时任一小差比率差动元件动作，母差保护动作跳相关母线的联络断路器；当小差比率差动元件和小差谐波制动元件同时动作时，母差保护动作跳开相应母线。

当一次系统两母线无法解列时，必须投入母线互联压板确定母线的互联运行方式。当元件在倒闸过程中经隔离开关双跨两条母线，装置自动识别为互联运行方式。互联后两互联母线的小差电流均变为该两母线的全部连接元件电流（不包括互联两母线之间的母联或分段电流）之和。当处于互联的母线中任一

段母线发生故障时，要将两段母线同时切除（但实际动作于某条母线跳闸时还必须经过该母线的电压闭锁元件闭锁）。

当大差抗饱和元件动作，且无母线跳闸时，为防止保护拒动，设置两时限后备保护段。其中第一时限切除有电流且无隔离开关位置开入的支路及电压闭锁开放的母联（分段）断路器；第二时限切除所有支路电流大于 $2I_N$（I_N 为额定电流）的支路。

另外，装置在比率差动元件连续动作 500ms 后将退出所有的抗饱和措施，仅保留比率差动元件。差动元件不受 TA 饱和元件闭锁。这是为了防止在某些复杂故障情况下保护误闭锁导致拒动，在这种情况下母线保护动作跳开相应母线对于保护系统稳定和防止事故扩大都是有好处的。而事实上真正发生区外故障时，TA 的暂态饱和过程也不可能持续超过 500ms。

4. 电压闭锁元件

电压闭锁判据针对低电压、零序和负序电压，公式为

$$\begin{cases} U_\phi \leqslant U_{bs} \\ 3U_0 \geqslant U_{0bs} \\ U_2 \geqslant U_{2bs} \end{cases} \tag{3-5}$$

式中：U_ϕ 为相电压，ϕ 为 A、B、C；$3U_0$ 为三倍零序电压（自产）；U_2 为负序相电压；U_{bs} 为相电压闭锁值，固定为 $0.7U_N$；U_{0bs} 和 U_{2bs} 分别为零序、负序电压闭锁值，分别固定为 6V 和 4V。当发生故障时，上述三个公式中必有一个满足，则电压闭锁元件不动作，不再闭锁母差跳支路断路器或母联断路器。在保护动作于故障母线跳闸时必须经相应的母线电压闭锁元件闭锁；而对于双母双分的分段断路器来说，则不需经电压闭锁。

5. TA 饱和检测元件

为防止母线保护在母线近端发生区外故障时 TA 严重饱和的情况下发生误动，本装置根据 TA 饱和波形特点设置了两个 TA 饱和检测元件，即自适应阻抗加权饱和监测元件和谐波制动 TA 饱和监测元件，用以判别差动电流是否由区外故障 TA 饱和引起，如果是则闭锁差动保护出口，否则开放保护出口。

（1）自适应阻抗加权饱和监测元件利用电压工频变化量启动元件和电流工频变化量启动元件自适应地开放加权算法。当发生母线区内故障时，工频变化量差动元件、工频变化量电压元件和工频变化量电流元件基本同时动作，则自适应阻抗加权饱和监测元件不会动作；而发生母线区外故障时，由于故障起始

TA尚未进入饱和，工频变化量差动元件动作滞后于工频变化量电压元件和工频变化量电流元件，则自适应阻抗加权饱和监测元件会动作。利用工频变化量差动元件和工频变化量电压元件、工频变化量电流元件动作的相对时序关系的特点，得到了抗TA饱和的自适应加权判据。由于此判据充分利用了区外故障发生TA饱和时差动电流不同于区内故障时的特点，具有极强的抗TA饱和能力，而且发生区内故障和一般转换性故障（故障由母线区外转至区内）时动作速度很快。

(2) 谐波制动TA饱和监测元件利用了TA饱和时差流波形畸变和每周波存在线性传变区等特点，根据差动电流中谐波分量的波形特征检测TA是否发生饱和。以此原理实现的TA饱和检测元件同样具有很强的抗TA饱和能力，而且在区外故障TA饱和后发生同名相转换性故障的极端情况下仍能快速切除母线故障。

6. 充电闭锁元件

为防止利用母联断路器进行充电时，发生死区故障导致母线差动保护动作，误跳运行母线各支路断路器，在充电预备状态下（母联断路器TWJ为1且两母线未全在运行状态），检测到母联断路器合闸开入由0变1，则从大差差动电流启动开始的300ms内闭锁母线差动保护动作跳母线各支路断路器，母线差动保护动作跳母联断路器（分段断路器）则不经延时。母联断路器TWJ返回大于500ms或母联断路器合闸开入正翻转1s后，母线差动保护功能恢复正常。另外，如果充电过程中有电流流过母联断路器或者母线分列运行压板投入说明非充电到死区故障情况，立即解除母线差动保护动作跳母线各支路的延时。

三、母联失灵保护与死区保护

当母差保护动作向母联断路器发跳令后，或者母联过电流保护动作向母联断路器发跳令后，经整定延时母联电流仍然大于母联断路器失灵保护电流定值时，母联断路器失灵保护经各母线电压闭锁分别跳相应的母线。

装置具备外部保护启动本装置的母联断路器失灵保护功能，当装置检测到"母联_三相启动失灵开入"后，经整定延时母联电流仍然大于母联断路器失灵保护电流定值时，母联断路器失灵保护分别经相应母线电压闭锁后经母联失灵时间切除相应母线上的断路器及其他所有连接元件。该开入若保持10s不返回，装置报"母联失灵长期启动"，同时退出该启动功能。母联失灵保护逻辑框图如图 3-3 所示。

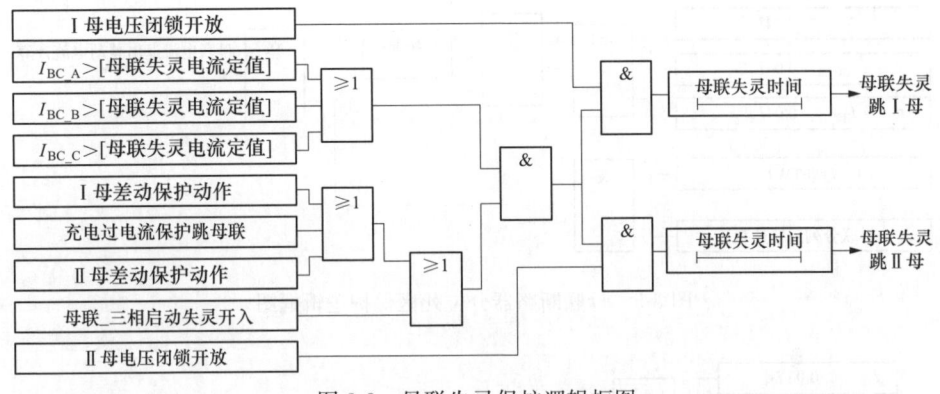

图 3-3　母联失灵保护逻辑框图

若母联断路器和母联 TA 之间发生故障，断路器侧母线跳开后故障仍然存在，为提高保护动作速度，专设了母联死区保护。母联断路器合位死区保护逻辑框图如图 3-4 所示。

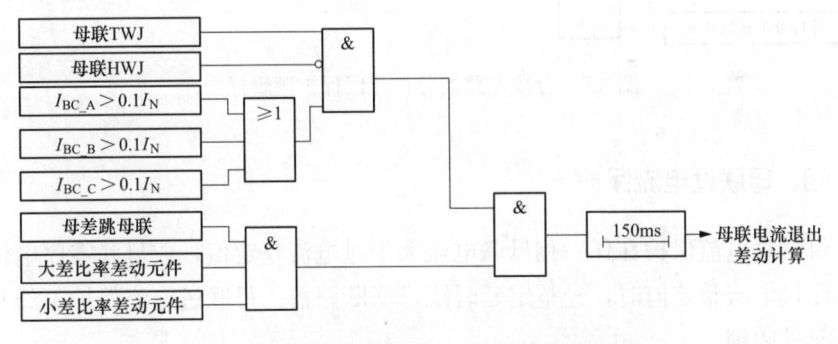

图 3-4　母联断路器合位死区保护逻辑框图

为防止母联断路器在跳位时发生死区故障将母线全切除，当保护未启动，两母线处运行状态、母联分列运行压板投入且母联在跳位时母联电流不计入小差差动电流。母联断路器分位死区保护逻辑框图如图 3-5 所示。

双母双分主接线的分段断路器分位死区保护不需要判别母线运行条件，逻辑如图 3-6 所示。

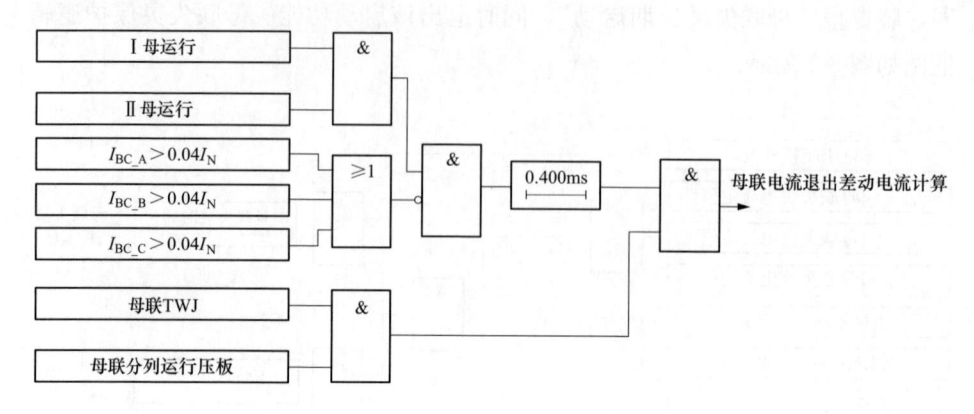

图 3-5　母联断路器分位死区保护逻辑框图

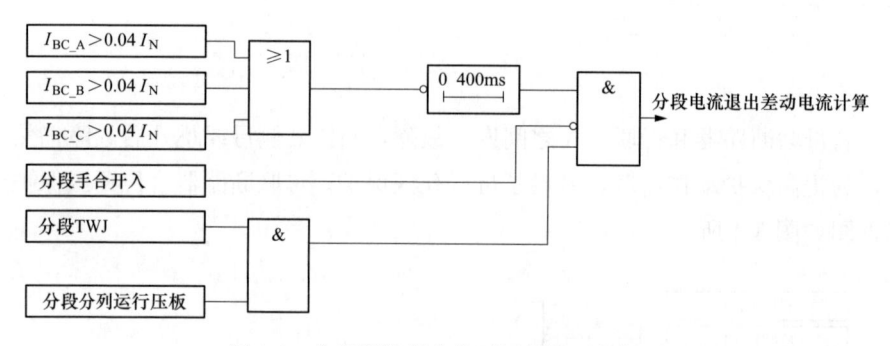

图 3-6　分段断路器分位死区保护逻辑框图

四、母联过电流保护

母联过电流保护在任一相母联电流大于过电流整定值，或母联零序电流大于零序过电流整定值时，经整定延时跳母联断路器。母联过电流保护不经复合电压元件闭锁。

五、母联（分段）非全相保护

当母联断路器某相断开，母联非全相运行时，可由母联非全相保护延时跳开三相。

非全相保护由母联 TWJ 和 HWJ 接点启动，并可采用零序和负序电流作为动作的辅助判据。在母联非全相保护投入时，有 THWJ 开入且母联零序电流大于母联非全相零序电流定值，或母联负序电流大于母联非全相负序电流定

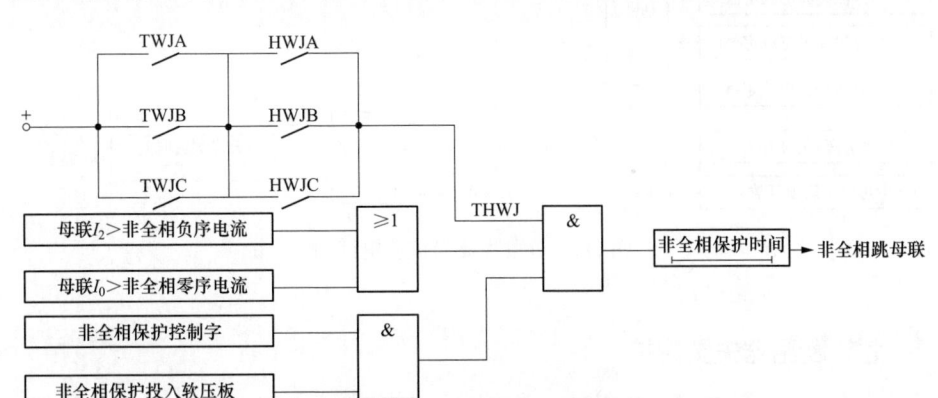

值，经整定延时跳母联断路器。母联非全相保护逻辑框图如图 3-7 所示。

图 3-7 母联非全相保护逻辑框图

分段非全相保护逻辑和母联非全相保护逻辑相同。

六、分段失灵保护

启动分段失灵保护的条件为母差保护动作或分段充电过电流保护动作不返回，分段有电流（$>0.04I$），两个条件都满足时启动另一套 PCS 915 的分段失灵保护。启动分段失灵保护逻辑框图如图 3-8 所示。

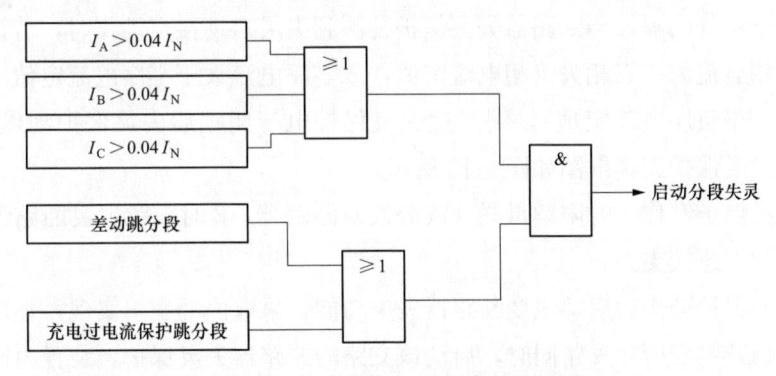

图 3-8 启动分段失灵保护逻辑框图

当启动分段失灵开入接点动作，经整定延时相应的分段电流仍然大于母联分段失灵电流定值时，分段失灵保护经相应母线电压闭锁后延时母联分段失灵时间切除母联断路器及相应母线上所有连接元件。分段失灵保护逻辑框图如图 3-9 所示。

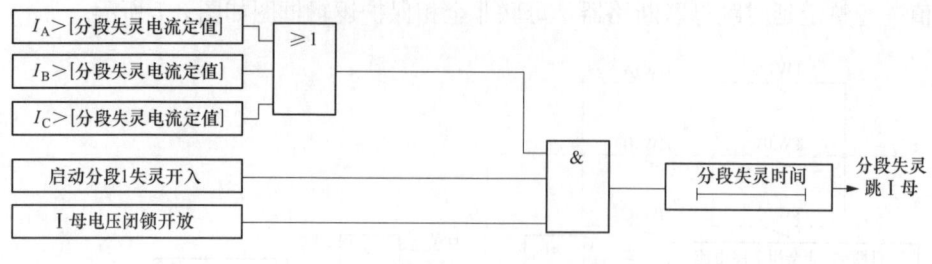

```
┌─────────────────────────┐
│ I_A>[分段失灵电流定值]  │──┐
├─────────────────────────┤  │≥1
│ I_B>[分段失灵电流定值]  │──┤
├─────────────────────────┤  │
│ I_C>[分段失灵电流定值]  │──┘
├─────────────────────────┤
│ 启动分段1失灵开入       │────────&──── 分段失灵时间 ──→ 分段失灵跳I母
├─────────────────────────┤
│ I母电压闭锁开放         │────────
└─────────────────────────┘
```

图 3-9 分段失灵保护逻辑框图

七、断路器失灵保护

断路器失灵保护由各连接元件保护装置提供的保护跳闸接点启动。

对于线路间隔，当断路器失灵保护检测到分相跳闸接点动作时，若该支路的对应相电流大于有流定值门槛（$0.04I_N$），且零序电流大于零序电流定值（或负序电流大于负序电流定值），则经过断路器失灵保护电压闭锁后断路器失灵保护动作跳闸；当断路器失灵保护检测到三相跳闸接点均动作时，若三相电流均大于$0.1I_N$且任一相电流工频变化量动作（引入电流工频变化量元件的目的是防止重载线路的负荷电流躲不过三相失灵相电流定值导致长时间满足电流判据），则经过断路器失灵保护电压闭锁后断路器失灵保护动作跳闸。

对于主变间隔，当断路器失灵保护检测到失灵启动接点动作时，若该支路的任一相电流大于三相失灵相电流定值，或零序电流大于零序电流定值（或负序电流大于负序电流定值），则经过失灵保护电压闭锁后失灵保护动作跳闸。断路器失灵保护逻辑框图如图3-10所示。

失灵保护动作1时限跳母联（或分段）断路器，2时限跳失灵断路器所在母线的全部连接支路。

母差保护动作后启动主变断路器失灵功能，采取内部逻辑实现，在母差保护动作跳开主变所在支路同时，启动该支路的断路器失灵保护。装置内固定支路4、5、14、15为主变支路。

八、母线运行方式识别

针对不同的主接线方式，应整定不同的系统主接线方式控制字。若主接线方式为单母线，则应将"投单母线主接线"控制字整定为1；若主接线方式为

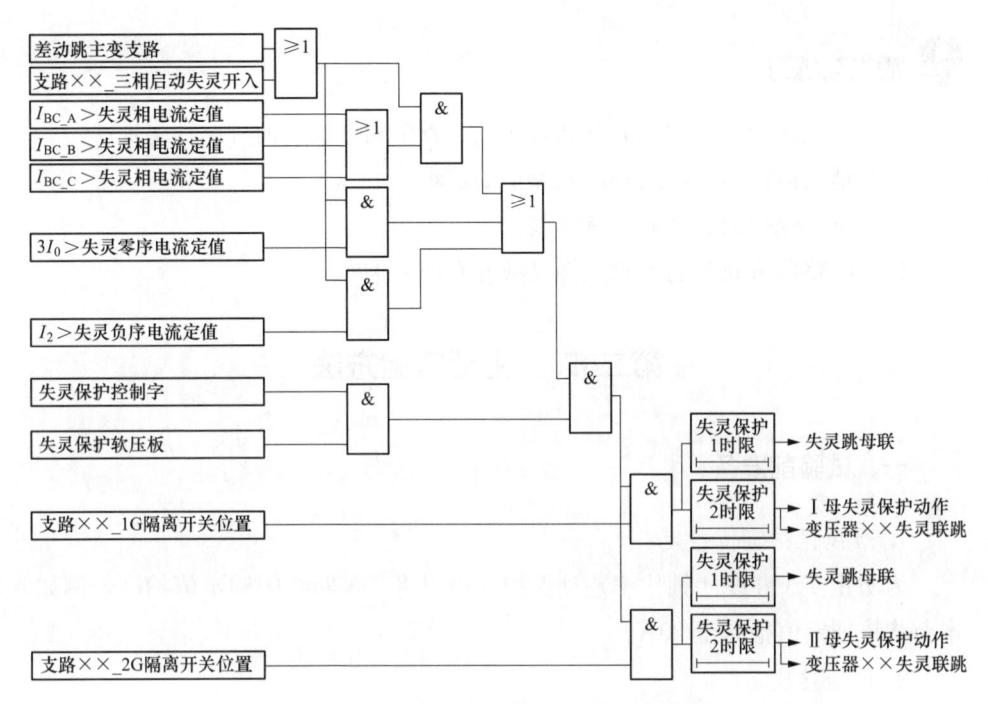

图 3-10 断路器失灵保护逻辑框图（主变支路）

单母分段，则应将"投单母线分段主接线"控制字整定为 1；若该两控制字均为 0，则装置认为当前的主接线方式为双母双分主接线。

对于单母分段主接线方式无须外引隔离开关位置，可通过隔离开关位置控制字定义支路连接于某条母线。双母线上各连接元件在系统运行中需要经常在两条母线上切换，因此正确识别母线运行方式直接影响到母线保护动作的正确性。本装置引入隔离开关辅助触点判别母线运行方式，同时对隔离开关辅助触点进行自检。在以下几种情况下装置会发出隔离开关位置报警信号：

（1）隔离开关位置出现双跨时，装置报母线互联运行。

（2）当某条支路有电流而无隔离开关位置时，装置能够记忆原来的隔离开关位置，并根据当前系统的电流分布情况校验该支路隔离开关位置的正确性。

（3）因隔离开关位置错误产生小差电流时，装置会根据当前系统的电流分布情况计算出该支路的正确隔离开关位置。

另外，为防止无隔离开关位置的支路拒动，无论当哪条母线发生故障时，都将切除有电流且无隔离开关位置的支路。当隔离开关位置恢复正常后，隔离开关位置报警自动复归。

> **思考与练习**

(1) 母线保护 TA 饱和的判据有哪些，各个判据基于何种原理实现？

(2) 请具体说明充电闭锁母差保护的逻辑。

(3) 母线保护的启动元件有哪些？

(4) 断路器未断开的判别元件灵敏度有何要求？

第二节 主要实验方法

一、试验前准备

1. 母线保护定值整定

为防止 TA 断线闭锁比率差动保护，可以将 TA 断线闭锁定值抬高，例如本节将该项定值抬高至 20A。

2. 试验接线

整组试验在支路 2、支路 3 和母联的 A 相上进行试验。调试仪接线如下：调试仪 A 相电流接母联的 A 相电流，调试仪 B 相电流接支路 2 的 A 相电流，调试仪 C 相电流接支路 3 的 A 相电流。I、II 母电压并接在调试仪三相电压上。

3. 运行方式设定

将模拟盘上支路 2 的强制开关强制接通于 I 母，将支路 3 强制开关强制接通于 II 母，按屏上隔离开关确认按钮复归告警信号。母线具体运行方式如图 3-11 所示。

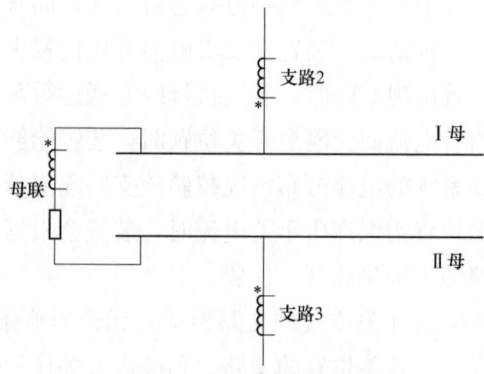

图 3-11 母线运行方式图

二、比率差动保护

母线区内、区外故障电流流向示意如图 3-12 所示。

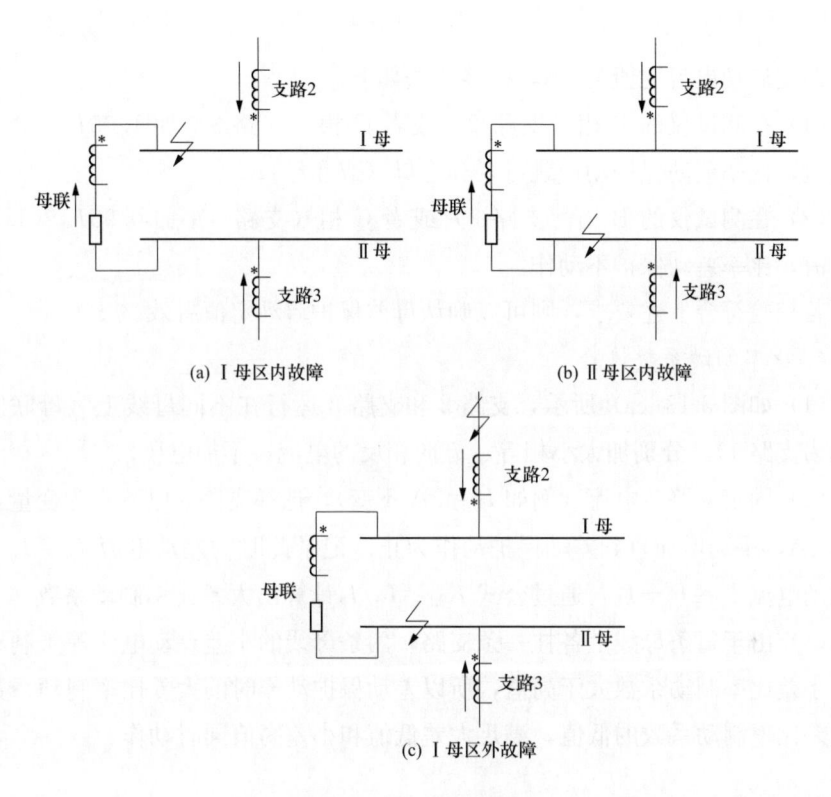

图 3-12 母线区内、区外故障电流流向示意图
(a) Ⅰ母区内故障；(b) Ⅱ母区内故障；(c) Ⅰ母区外故障

1. 区内故障

试验时，分别在母联、支路 2 和支路 3 的 A 相上加 2∠0°A、2∠0°A 和 2∠0°A 的电流，此时保护装置大差差动电流和Ⅰ母小差差动电流相等，Ⅱ母差动电流为 0，差动保护动作跳母联和Ⅰ母上所有支路。Ⅱ母故障时两母线支路电流和母联电流反方向。

2. 区外故障

试验时，分别在母联、支路 2 和支路 3 的 A 相上加 2∠0°A、2∠180°A 和 2∠0°A 的电流，此时保护装置大小差动电流为 0。

3. 差动保护启动定值校验

差动保护动作方程判据为

$$\begin{cases} I_{d\phi} > KI_{r\phi} \\ I_{d\phi} > I_{st} \end{cases} \tag{3-6}$$

假定启动电流定值为2A，检验方法如下：

（1）在测试仪的B相（支路2）或者C相（支路3）加$1.05I_{st}$（2.1A）的电流，比率差动保护动作跳母联和Ⅰ母（或Ⅱ母）；

（2）在测试仪的B相（支路2）或者C相（支路3）加$0.95I_{st}$（1.9A）的电流，比率差动保护不动作。

若校验符合上述要求，则可以确认母差保护启动定值有效。

4. 比率制动系数校验

（1）如图3-13（a）所示，支路2和支路3运行在不同母线上（母联固定定义为支路1），分别加大小相等、方向相反的电流，不加电压。

（2）固定支路2电流（例如I_b=3A不变），选择支路3电流作为变量，步长0.1A，手动增加直到差动保护动作为止。记录此时的差动电流$I_d=I_c-I_b$和制动电流$I_r=I_c+I_b$，通过公式$K_{bl}=I_d/I_r$计算出大差比率制动系数。

（3）由于每条母线上各挂一条支路，两条母线的小差差动电流等于制动电流，小差比率制动系数大于高值，所以差动保护动作时的大差比率制动系数就是大差比率制动系数的低值，满足大差低值和小差高值同时动作。

(a) 大差低值　　　　　(b) 大差高值和小差低值

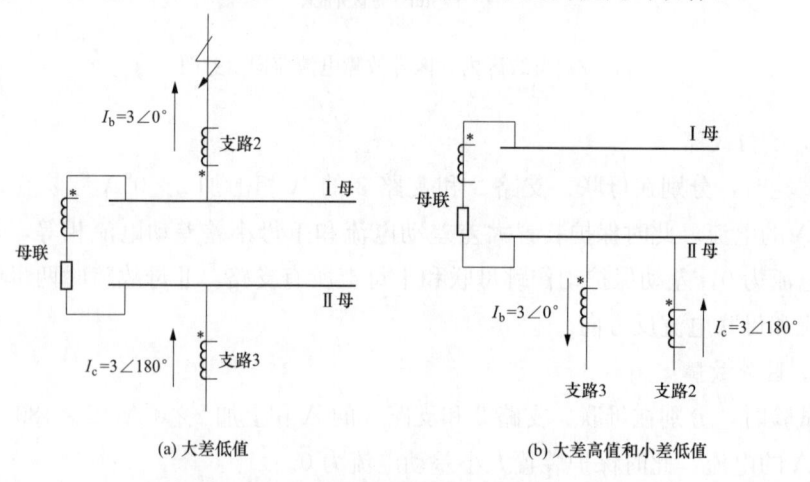

图3-13　比率制动系数校验母线运行方式图

(4) 如图 3-13 (b) 所示，支路 2 和支路 3 运行在相同的母线上（例如同时运行在Ⅱ母），分别加大小相等、方向相反的电流，不加电压。

(5) 固定支路 2 的电流（例如 $I_b=3A$ 不变），选择支路 3 电流作为变量，步长为 0.1A，手动增加直到差动保护动作为止。记录此时的差动电流 $I_d=I_c-I_b$ 和制动电流 $I_r=I_c+I_b$，通过公式 $K_{bl}=I_{cd}/I_r$ 计算出大差比率制动系数。

(6) 由上可得，大小差差动电流和制动电流的比值均为 0.5，此时比率差动保护动作均达到此值时，满足大差高值和小差低值同时动作。

5. 复压闭锁元件校验

PCS-915 系列母线保护复压闭锁定值在装置内部固定为低电压 $0.7U_N$ (40.4V)，零序电压 6V，负序电压 4V。

(1) 相电压闭锁值校验方法如下：

1) 由试验仪从端子排向保护装置通入对称的三相正序电压 $1.05×0.7×U_N$ (42.4V)，然后在除了母联外的任一支路加大于差动保护启动电流定值的电流，此时差动保护不动（注意电流电压不要同时加进保护，测试仪的输出不同步可能闭锁不住）。

2) 在上述试验不间断的情况下，改变任一相电压至 $0.95×0.7×U_N$ (38.3V)，相电压开放后比率差动保护跳闸。

(2) 零序电压闭锁定值校验方法如下：

1) 通过试验仪从端子排向保护装置通入对称的三相正序电压（42V），然后在除了母联外的任一支路加大于差动保护启动电流定值的电流，此时差动保护不动作。

2) 变量中选择 U_A 相电压，步长 1V（或者更小）。缓慢增加或者降低 A 相电压，到零序电压闭锁定值（6V）左右复压闭锁元件满足解锁判据，比率差动保护跳闸（单相升高或者降低 6V，$3U_0$ 电压刚好是 6V）。也可以直接输入 $U_N+6×1.05$ (64V)。

(3) 负序电压闭锁定值校验方法如下：

1) 先给保护加对称的三相额定电压 U_N，然后在除了母联外的任一支路加大于差动保护启动电流定值的电流，此时差动保护不动作。

2) 变量中选择 U_C 相电压，步长 1V（或者更小）。升高 C 相电压到负序闭锁值以上，则比率差动保护跳闸。也可以使用测试仪的负序变量功能。

三、母联失灵保护

以Ⅰ母故障差动保护跳母联，母联失灵跳双母线进行母联失灵保护试验。

（1）保护定值整定："投母差保护"控制字置1，投入"投母差保护"硬压板。假定母联分段失灵电流定值 $I_{set}=5A$，母联分段失灵时间定值为0.5s。

（2）确保母联断路器分闸位置开入量在试验过程中不进入，防止死区保护动作。

（3）设置调试仪电流，$I_a=I_b=I_c=1.05I_{set}=5.25\angle 0°A$。调试仪三相电压设置为0V（保证复压开放），时间大于失灵动作时间，比率差动保护跳Ⅰ母和母联，故障一直加着，母联失灵保护动作跳两母。

（4）设置调试仪电流，$I_a=I_b=I_c=0.95I_{set}=4.8\angle 0°A$。调试仪三相电压设置为0V，时间大于失灵动作时间，比率差动保护动作跳Ⅰ母和母联，母联电流小于失灵定值，母联失灵保护不动作。

四、母联死区保护

母联死区故障时各支路电流流向示意如图3-14所示。当差动保护动作跳开母联断路器后，母联TA上依然有电流（大于 $0.04I_N$），且大差比率差动元件不返回的情况下，经死区动作延时150ms将母联电流退出小差。

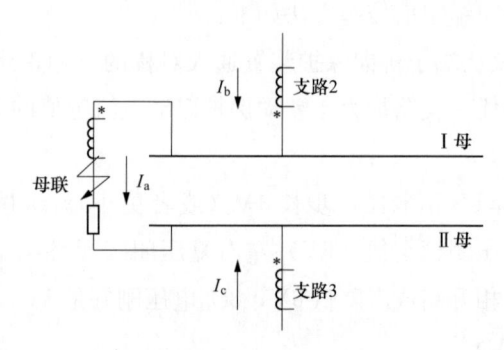

图3-14 母联死区故障时各支路电流流向示意图

1. 合位死区

发生死区故障前母联断路器处于合闸状态试验步骤：

（1）试验前准备："投母差保护"控制字置1，投入"投母差保护"硬压板，在屏端子上短接母联TWJ开入，使母联TWJ=1（也可投入母联出口压板，等差动保护动作跳开母联断路器后 TWJ 自动进入保护装置的开入)。

（2）支路运行方式：支路 2 运行在Ⅰ母，支路 3 运行在Ⅱ母。

（3）设置调试仪的交流量：设置调试仪电流，$I_a=2∠180°$A（母联电流），$I_b=I_c=2∠0°$A。调试仪三相电压设置为 0，时间大于死区时间 150ms。

（4）试验结果：差动保护动作跳母联及Ⅱ母所有支路，150ms 后母联电流退出小差差动电流计算，若Ⅰ母小差差动元件满足动作条件，母差保护动作跳Ⅰ母上所有支路。

2. 分位死区

发生死区故障前母联断路器处于跳闸状态试验步骤：

（1）试验前准备："投母差保护"控制置 1，投入"投母差"硬压板，在屏端子上短接母联 TWJ 开入；

（2）设置调试仪的交流量分两个状态：

状态 1：$U_a=57.7∠0°$V，$U_b=57.7∠-120°$V，$U_c=57.7∠120°$V，三相电流是零，时间 1s 左右即可（模拟分列运行：两母均有电压而且母联在跳位）；

状态 2：$I_a=3∠180°$，$I_b=3∠0°$，$I_c=0∠0°$A，调试仪 A 相电压设置为 0V，母联电流与支路 1 电流大小相等，时间大于 50ms（由于分列运行发生死区故障，Ⅱ母不提供故障电流，所以Ⅱ母不用加电流）。

（3）试验结果：分列运行时母联电流不计入小差差动电流，则变化量差动及稳态量差动在母联死区故障时动作跳母联及Ⅰ母所有支路。

五、断路器失灵保护

假设支路 2 失灵，对启动相电流 3A 定值进行调试。

（1）压板投退：投入"投入失灵保护"硬压板和软压板，退出"投母差保护"硬压板。

（2）确定支路运行方式：支路 2 运行在Ⅰ母，支路 3 运行在Ⅱ母。

（3）调试仪电流设置：$I_b=3.15$A，其他相电流为 0。调试仪三相电压设置为 0（复压元件不满足闭锁条件），加进保护装置。

（4）调试仪所加状态量不间断情况下，将支路失灵开入接点开进保护装置（用短连接线短接端子 1C2D8 和 1C2D14），断路器失灵保护动作。

（5）重新设置试验仪电流 $I_b=2.85$A，调整试验仪开出，使支路 2 失灵开入动作，失灵保护不动。

> **思考与练习**
>
> （1）母联分位死区保护和合位死区保护试验方法有什么区别？
> （2）如何分别验证母线保护大差和小差的高值以及低值？
> （3）如何验证母线失灵保护？

第三节　典型回路故障设置与排查

一、电流回路

母线保护作为多间隔保护，相比线路、主变保护具有更多的电流回路。电流支路设置故障点的比例很高，除了单间隔电流回路会设置故障点以外，还会在各支路及母联 TA 回路之间关联故障点。如果仅在某个支路加电流可能发现不了故障点，需要几个支路同时加试验电流查找。对于试验项目中不涉及的支路，可以不检查。

1. 检查方法

根据试验项目要求，如要求试验支路 2、3、4 和母联，则用试验仪向保护装置试验支路输入大小不等、相角对称的三相电流，分别检查装置的电流采样值和相角，判断故障点。如果做母联辅助保护相关试验，三相电流要同时加入。

2. 常见故障类型

（1）TA 分流。TA 分流有三种情况。第一种类型如图 3-15 所示支路 2 的 A 相 TA 的极性端（1n1607）与非极性（1n1608）端短接。第二种情况是将两相 TA 输入极性端短接，如将支路 2A 相 1I2D1 和 B 相的 1I2D2 端子短接。第三种情况是将两个不同的支路联系起来，如图中将支路 2 和支路 3 的 A 相极性端和非极性端分别短接。

（2）TA 开路。TA 开路有两种情况。第一种情况是将一相 TA 在极性端或非极性端开路，如图 3-15 所示将支路 2 的 A 相 TA 的非极性端 1n1608 断开，造成支路 2 的 A 相无电流，此为 TA 开路。第二种情况是将两个支路某一相电流的极性端或非极性端对调，如图 3-15 所示将支路 2B 相的极性端 1n1609 接于端子 1I3D2，将支路 3B 相的极性端 1n1615 接于 1I2D2。

其他故障类型不一一列举，汇总母线保护电流回路常见故障点设置、故障

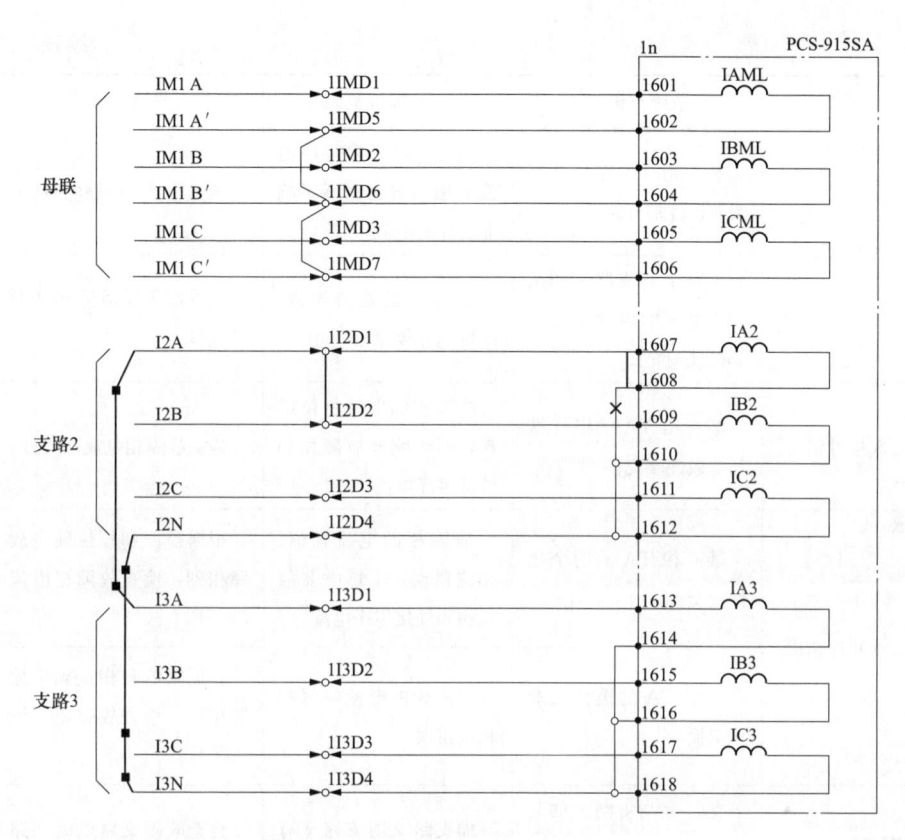

图 3-15 母线保护电流回路故障设置

现象及排查方法见表 3-1。

表 3-1 母线保护电流回路常见故障点设置、故障现象及排查方法

故障类型	故障点设置	故障现象	排查方法
TA 分流	某一相 TA 的极性端与非极性端短接	一个故障相的电流幅值异常，不影响非故障相和外接零序电流	检查故障相电流端子有无附加短接线
	支路 x 的某相与支路 y 的某相极性端和非极性端都短接	加支路 x 的采样，支路 y 也有采样	检查端子排是否有隐蔽的多余连线
	两相 TA 输入端短接	两个故障相的电流幅值异常，不影响非故障相和外接零序电流	检查故障相电流端子有无附加短接线

65

续表

故障类型	故障点设置	故障现象	排查方法
TA 开路	某一相 TA 在极性端或非极性端开路	故障相和外接零序电流的幅值异常，不影响非故障相电流	测量相 TA 回路电阻
	支路 x 与支路 y 的某一相电流的极性端或者非极性端交换	故障相的幅值异常，不影响非故障相电流	查看端子排故障相的两端线号
TA 极性错误	某一相 TA 的极性端与非极性端交换	故障相的电流相位错误，不影响非故障相和外接零序电流	检查故障相电流端子号
TA 相序错误	某一相 TA 的两个极性端交换	故障相的电流幅值、相位错误，不影响非故障相和外接零序电流	根据幅值和相位确定故障相别，检查故障相电流端子号
	三相 TA 的极性端顺序交换	故障相的电流幅值和相位错误	根据幅值和相位确定故障相别，检查故障相电流端子号
TA 支路错误	支路 x 与支路 y 的某相电流极性端与非极性端都交换	加支路 x 时支路 y 有电流，反之亦然	检查故障支路电流回路端子号

二、电压回路

对于双母线或单母分段接线形式的母线保护通常具有两个母线的电压回路，而对于双母单分段接线形式的母线保护则具有三个母线电压的回路，做试验时可能需要并联加入。母线保护电压回路故障设置如图 3-16 所示。

1. 检查方法

在对应母线电压端子排用试验仪输出大小不等、相角对称的三相电压，检查装置的采样值和相角，判断故障点。

2. 常见故障类型

（1）电压虚接。例如，将Ⅰ母电压 A 相在 1ZKK1 上口或下口虚接，也可在端子 UD1 和 1UD1 上虚接，还可以在进装置的 A 相内部配线 1n2807 上

第三章 母线保护调试内容

虚接。

（2）电压短接。例如，将Ⅰ母电压 A 相和Ⅱ母电压的 A 相短接，则在给Ⅰ母 A 相加电压时，Ⅱ母 A 相也有电压出现。

（3）电压相序错误。例如，将Ⅰ母电压 UD1 和 UD2 端子互换，则 A 相和 B 相电压显示错误，可通过分相通入电压查看。

（4）Ⅰ母、Ⅱ母电压交换。例如，将 UD1 端子和 UD7 端子内部配线进行交换，则在给Ⅰ母 A 相加电压时，Ⅱ母 B 相会有电压出现。

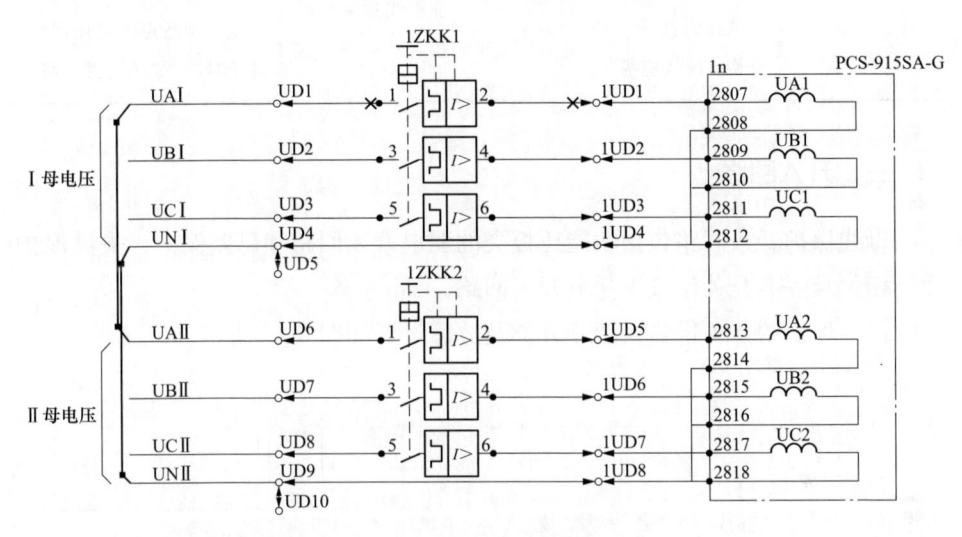

图 3-16　母线保护电压回路故障设置

汇总母线保护电压回路常见故障点设置、故障现象及排查方法，见表 3-2。

表 3-2　　母线保护电压回路常见故障点设置、故障现象及排查方法

故障类别	故障点设置	故障现象	排查方法
电压虚接	电压回路中某相的某点缠绝缘胶布，可以在试验仪出口、端子排内外侧、自动空气开关上下口、装置背板等处设置故障	电压缺相	检查此相电压回路的接线
电压短接	Ⅰ母电压回路与Ⅱ母电压回路某相短接	一条母线加采样时发现两条母线都有电压	检查端子排是否有隐蔽短接线

续表

故障类别	故障点设置	故障现象	排查方法
电压相序错误	采样的某两相电压交换	故障相电压幅值和相位错误，不影响非故障相	根据幅值和相位确定故障相别，检查故障相电压端子号
	采样的三相电压交换	故障相的电压幅值和相位错误	根据幅值和相位确定故障相别，检查故障相电压端子号
Ⅰ母、Ⅱ母电压交换	两条母线的某相电压交换，N线短接	在一条母线加采样时发现缺相，另一条母线有电压	检查两条母线电压回路端子号，是否有隐蔽接线

三、开入回路

母线保护开入回路包括功能压板类的弱电开入回路和母差保护、失灵保护功能相关及隔离开关位置等强电开入回路。

母线保护的开关量输入功能分类及故障设置如图 3-17 所示。

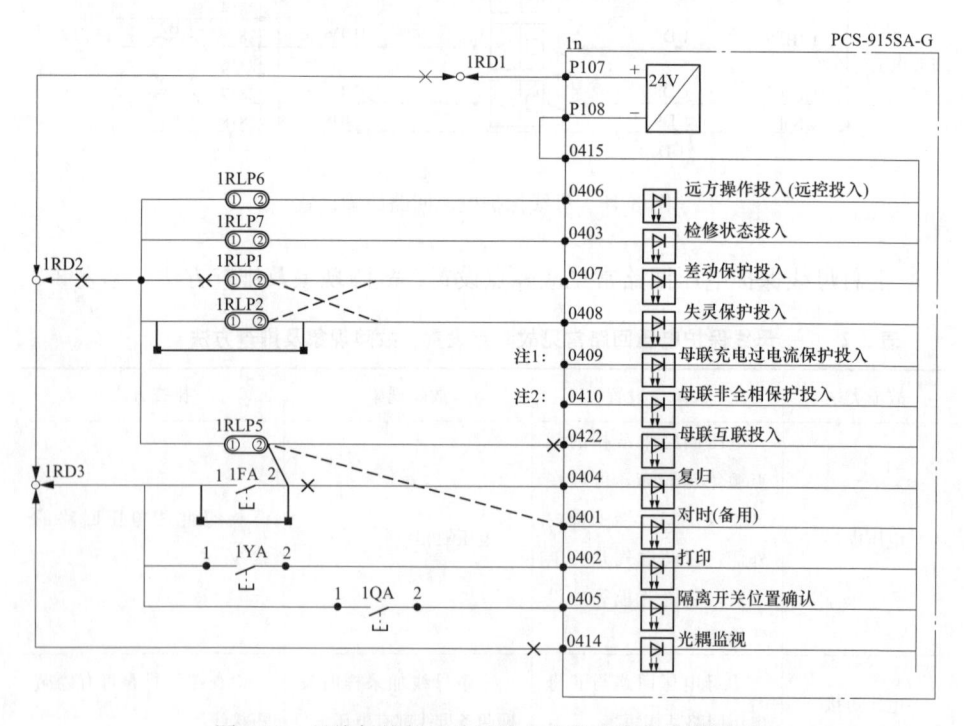

图 3-17 母线保护的开关量输入功能分类及故障设置

1. 功能压板功能及故障设置

(1) 功能压板回路如下：由电源插件的"光耦电源正"，经过"光耦电源公共端"，功能压板上端（例如图 3-17 中差动保护投入压板上端 1RLP1-1），功能压板下端（例如图 3-17 中差动保护投入压板下端 1RLP1-2），最后经光耦插件实现保护功能输入。

当功能压板未投入时，会导致对应保护元件不动作；当功能压板误投入时，可能会导致不应动作的保护元件动作。

(2) 故障类型：

若所有的功能压板开入量均为 0，说明是其相同的回路存在异常。按回路分段检查对应端子的电位，查找虚接点。通常到压板上端的线缆或光耦公共端的短接片会存在虚接情况。如在图 3-17 中 1RD1 和 1RD2 端子处包绝缘胶布。

若某个功能压板开入量为 0，除进行上述检查外，还应检查压板两端以及压板附件是否存在虚接情况。例如将差动保护投入功能压板 1RLP1-1 接线处虚接。

若某个功能压板开入量始终为 1，此时应检查压板两端是否存在短接情况，以及光耦输入端与光耦电源之间是否存在短接情况。例如，图 3-17 中失灵保护投入功能压板 1RLP2-1 和 1RLP2-2 接线处短接。

功能压板接线错误，投入相关功能压板其他开入反而显示开入量为 1，如将母线互联投入功能压板 1RLP5-2 接到 1n0401 端子上，同时将 1n0422 端子打开。

2. 光耦失电功能

(1) 光耦监视回路如下：由电源插件的"光耦电源正"（P107），经过"光耦电源公共端"1RD1/2/3 端子，至光耦失电 1n0414 输入端子。当装置报"光耦失电"时，说明检测到的光耦电源电压异常。

(2) 故障类型：

若其他功能开入量能正常变位，说明是光耦失电回路存在异常，按回路分段检查对应端子的电位，查找虚接点。通常对应的线缆或光耦公共端的短接片存在虚接情况，如图 3-17 中 1n0414 端子虚接。

若与之相关的所有开入异常，则是光耦电源至光耦公共端回路存在异常。如"光耦电源公共端"1RD1/2/3 端子存在虚接，按回路分段检查对应端子的电位，查找虚接点。通常对应的线缆或光耦公共端的短接片存在虚接情况。对于 PCS-915 母线保护，确定"装置参数"中"插件 X 开入电源电压"定值是否正确。

3. 信号复归

(1) 信号复归回路如下：由电源插件的"光耦电源正"，经过 RD 端子"光耦电源公共端"，复归按钮两端 1FA-1 和 1FA-2 经端子 1n0404 进入光耦插件信号复归输入。

(2) 故障类型：

信号复归输入不正确，会影响保护跳闸灯是否点亮，以及能否复归。除了按下述方法检查外，还应注意检查复归按钮两端的电缆。

信号复归功能失效：检查复归按钮公共端或者复归按钮两端 1FA-1 和 1FA-2 有没有虚接。

信号复归开入长期为 1：检查复归按钮两端 1FA-1 和 1FA-2 有没有短接的情况，使复归信号输入端子 0404 端子常有正电。

信号复归伴随其他开入出现：按动复归按钮，检查保护装置其他开入与复归开入同时变化，检查复归开入回路应该有短接电路，如图 3-17 中 1RLP5-2 与 1FA-2 端子短接。当母线互联功能压板投入时，信号复归输入端子 1n0404 常有正电。

4. 打印

(1) 打印回路如下：由电源插件的"光耦电源正"，经过 RD 端子"光耦电源公共端"，打印按钮两端 1YA-1 和 1YA-2 经端子 1n0402 进入装置开入。

(2) 故障类型：

打印功能失效：检查光耦插件打印按钮两端 1YA-1 和 1YA-2 及输入端子 1n0402 是否存在虚接现象。

打印输入不正确，会影响装置的打印，检查装置打印波特率设置是否正确。

除了按上述方法检查外，还应注意检查打印按钮两端的电缆，以及打印口接线是否正确。

5. 其他强电开入

其他强电开入，包括母联跳闸位置 TWJ 开入及母联手合 SHJ 开入，见图 3-18 中 1QD12 和 1QD13 输入端子，存在虚接和短接的情况，结合具体的试验项目如母联合位死区或者母联分位死区以及母联失灵等设置故障。

第三章 母线保护调试内容

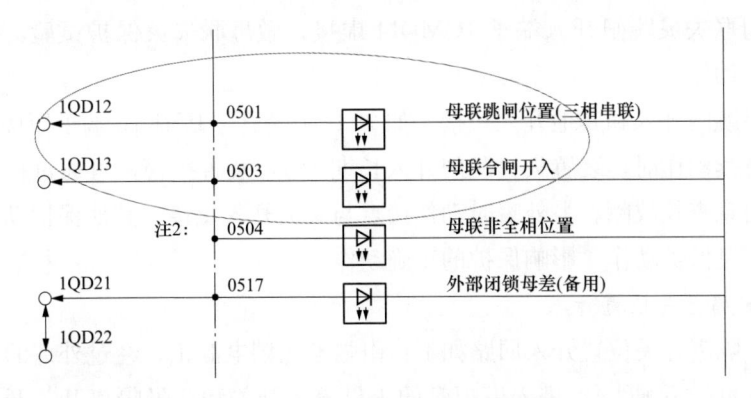

```
1QD12 ────●──── 0501 ──▷▷── 母联跳闸位置(三相串联)
          │
1QD13 ────●──── 0503 ──▷▷── 母联合闸开入
          │
  注2: ───●──── 0504 ──▷▷── 母联非全相位置
          │
1QD21 ────●──── 0517 ──▷▷── 外部闭锁母差(备用)
  │
1QD22
```

图 3-18 母联间隔开入回路故障设置

6. 失灵跳闸开入

（1）失灵跳闸开入分单相跳闸开入和三相跳闸开入，其中线路支路是分相跳闸开入和三相跳闸开入，母联和主变支路是三相跳闸开入。失灵跳闸回路如下：由强电光耦电源正，经过失灵"光耦电源公共端"，保护跳闸接点（可能不配线），光耦插件保护跳闸输入。失灵开入回路故障设置如图 3-19 所示。

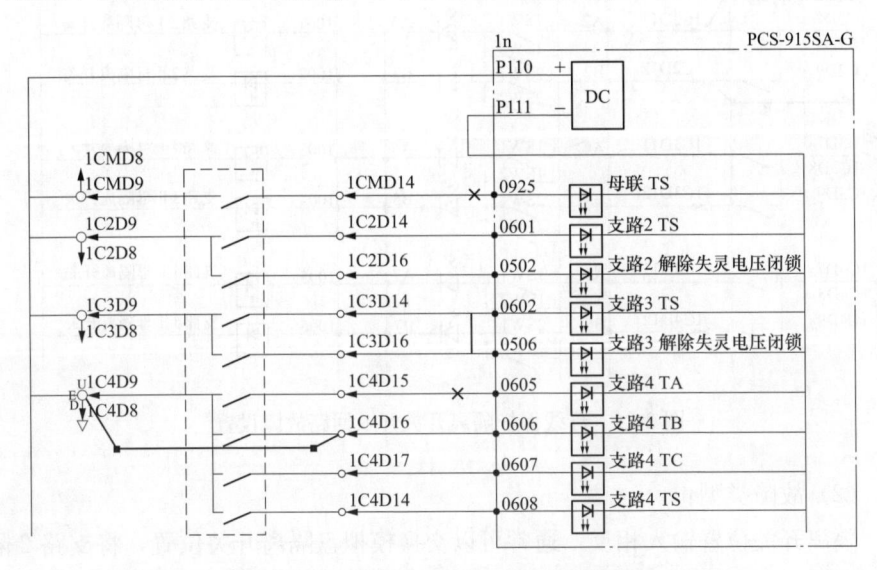

图 3-19 母线保护失灵开入回路故障设置

（2）故障类型：

失灵开入虚接：做相应支路失灵保护试验时，失灵保护不动作。例如，图

3-19 中母联失灵跳闸开入端子 1CMD14 虚接，做母联失灵保护试验，母联失灵保护不动作。

失灵跳闸开入和其他开入短接：如 1C4D9 端子与 1C4D16 端子短接，当保护跳闸持续动作时，装置失灵跳闸开入长期为 1，装置报警，可通过检查相应的告警信息查找故障。另外瞬时动作接点与失灵开入短接，其他保护动作时可能伴随失灵保护动作，影响保护的正确动作。

7. 隔离开关位置开入

（1）隔离开关位置开入回路如下：由强电光耦电源正，经过外部的隔离辅助接点（可能不配线），进入模拟盘的 1 母隔离开关和 2 母隔离开关开入，再输出到光耦插件隔离开关位置输入端。隔离开关位置状态通常采用模拟盘来强制模拟。隔离开关位置开入回路故障设置如图 3-20 所示。

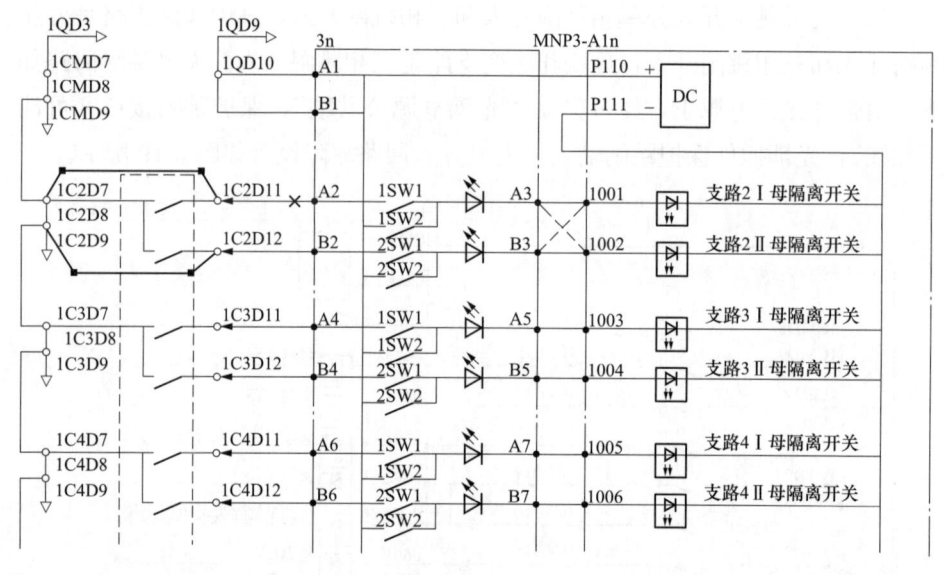

图 3-20 母线保护隔离开关开入回路故障设置

（2）故障类型：

隔离开关位置输入相反：通常可以交换模拟盘隔离开关位置，将支路 2 隔离开关模拟盘的 A3 和 B3 与装置输入端子 1n1001 和 1n1002 之间的配线交换。

采集不到隔离开关位置：将隔离开关输入回路上的任意端子虚接，将 1C2D11 端子或者 1n1001 输入端子虚接，造成采集不到支路 2 Ⅰ 母隔离开关位置。

第三章 母线保护调试内容

某支路隔离开关位置开入长期为 1：将隔离开关公共端和对应装置输入端子短接，1C2D7 端子和 1C2D11 端子短接，同时模拟隔离开关盘打到自动位置，支路 2 的 I 母隔离开关位置开入长期为 1。

汇总常见母线保护开入故障点设置、故障现象及排查方法，见表 3-3。

表 3-3　　常见母线保护开入故障点设置、故障现象及排查方法

故障类别	故障点设置	故障现象	排查方法
光耦电源公共端虚接	光耦电源公共端虚接或挪至其他端子	投入任一个功能压板时，对应的开入不变位，影响保护功能试验	功能压板光耦电源消失，检查电缆及短接片、端子
	功能压板公共端虚接或挪至其他端子		
开入回路虚接	将特定功能压板回路端子虚接或挪至其他端子	投入该功能压板时，对应的压板不变位，影响保护的功能试验	功能压板回路断线，检查对应的压板及其相关回路
	失灵开入虚接	失灵保护不动作	检查不正常的失灵开入回路
	母联开关 TWJ 虚接	影响分位死区、充电保护的试验	检查不正常的母联 TWJ 回路
功能开入回路短接	将特定功能压板上下端子短接	对应功能压板开入始终为 1	检查对应的压板及其相关回路
功能压板输入不对应	不同功能的压板电缆交换接线	投入功能压板时，相应的压板不变位，而其他压板输入有变化，并影响保护的功能试验	检查对应的压板及其相关回路
两个开入同时置 1	两个功能压板下端短接	投入一个压板，两个开入同时变位	检查同时变位的开入回路
	主变支路失灵开入与主变支路的解除失灵复压闭锁开入短接	无法验证主变支路的失灵电压闭锁	检查端子排或压板是否有隐蔽短接线

续表

故障类别	故障点设置	故障现象	排查方法
开入回路并联跳闸接点	将"保护跳闸"接点并接在"光耦电源正端"与功能压板公共端之间	保护动作时，投入某个功能，如断路器失灵保护功能。试验时引起失灵保护动作	通过分析装置的变位报告，确定有无异常变位，检查光耦输入回路
	将"保护跳闸"接点并接在模拟盘隔离开关开入	保护动作时，投入某个支路的隔离开关位置，引起隔离开关位置报警	分析装置的变位报告或者观察模拟盘上的隔离开关位置指示灯，确定异常回路
交换模拟盘隔离开关位置	将支路 x 的Ⅰ母隔离开关位置输出与支路 y 的Ⅱ母隔离开关位置输出交换	当支路 x 和 y 同时挂Ⅰ母时，支路 1 的两个隔离开关位置开入为 0，而支路 2 的两个隔离开关位置开入为 1，装置报隔离开关位置异常，但模拟盘指示灯正常	检查模拟盘对应的隔离开关位置输出线
复归按钮异常	复归按钮接点短接	保护跳闸时，跳闸信号灯不亮	检查复归按钮及其开入回路
	复归按钮接点虚接	保护跳闸时，信号灯不能复归	
打印异常	打印按钮接点虚接	按打印按钮时，打印机不存在	检查打印按钮及其开入回路
	打印口电缆虚接	按打印按钮时，打印机不存在	
	打印口电缆接线错误	按打印按钮时，打印机不工作	

四、开出回路

母线保护的跳闸回路输出接点多但回路简单，可设置的故障类型较少，一般有虚接、短接和错位等几种故障类型。常见开出回路故障设置如图 3-21、图 3-22 所示。

做母线保护试验项目涉及母联的，可以在母联操作箱上设置故障点，其相关故障点与线路操作箱基本一致，但由于跳闸不分相，所以故障点比线路略简单。可以采用短接线短接单跳、手跳、永跳、手合、重合等输入端，根据开关状态、跳合闸灯的情况，确定故障回路。

（1）不能手合，可能在 4Q1D31/32/33 到 23/34/35 端子上存在虚接。不能手跳，可能在 4Q1D35 端子和 4n37 端子存在虚接。如果手合、手分功能都失效可能公共端存在虚接，也可能 4Q1D31 与 4Q1D35 端子交换，造成不能正常手合、手分。

（2）母联断路器不能跳闸，可能 TJR 端子虚接，将 8CD11 端子处虚接。或者母联断路器跳闸了但不启动失灵，可能 4n38 与 4n48 端子进行了交换，母联跳闸启动 TJF，导致不能启动失灵保护。

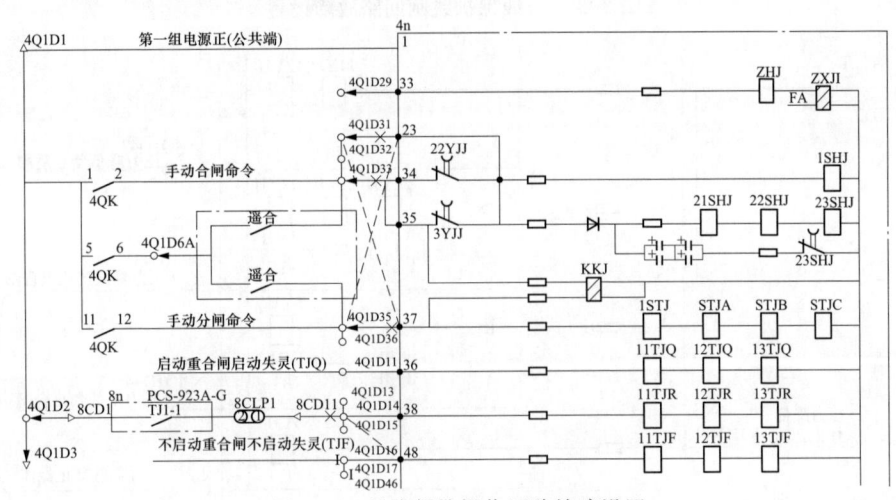

图 3-21 母线保护操作回路故障设置

（3）母联断路器跳闸后，操作正电源经 11TJR 常开触点，再由 4Q1D19 端子与 11TJR 输入端子短接线，TJR 继电器形成自保持回路（见图 3-22），造成跳闸回路一直导通。

（4）压力回路异常，造成不能正常跳合闸。压力回路故障设置如图 3-23 所示。第一种情况是压力降低，禁止操作 4YJJ 继电器输入端与正电短接，使跳合闸回路被断开。第二种情况是压力降低，禁止跳闸 11YJJ/12YJJ 继电器输入端与负电短接，或者压力正电 4Q1D8 虚接，使跳闸或者合闸回路被断开。

其他故障点设置不一一列举，现汇总母线保护开出回路常见故障点设置、故障现象及排查方法，见表 3-4。

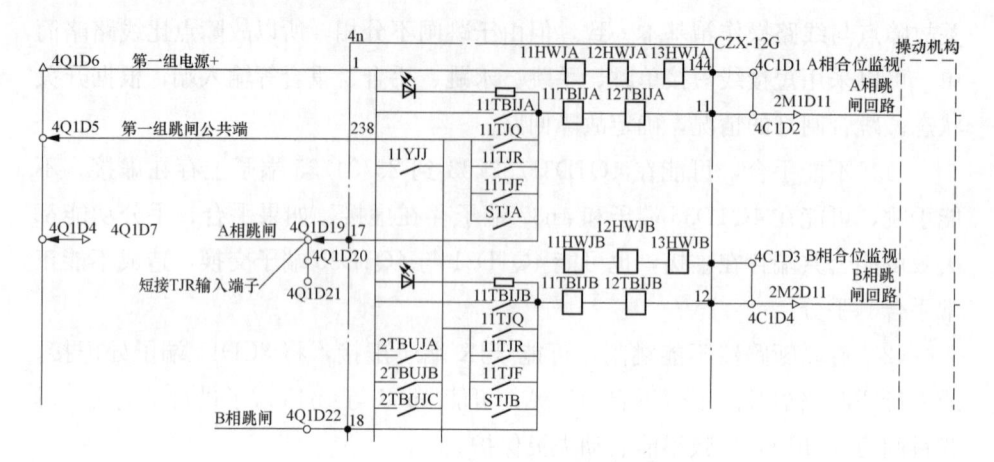

图 3-22　母线保护跳闸回路故障设置

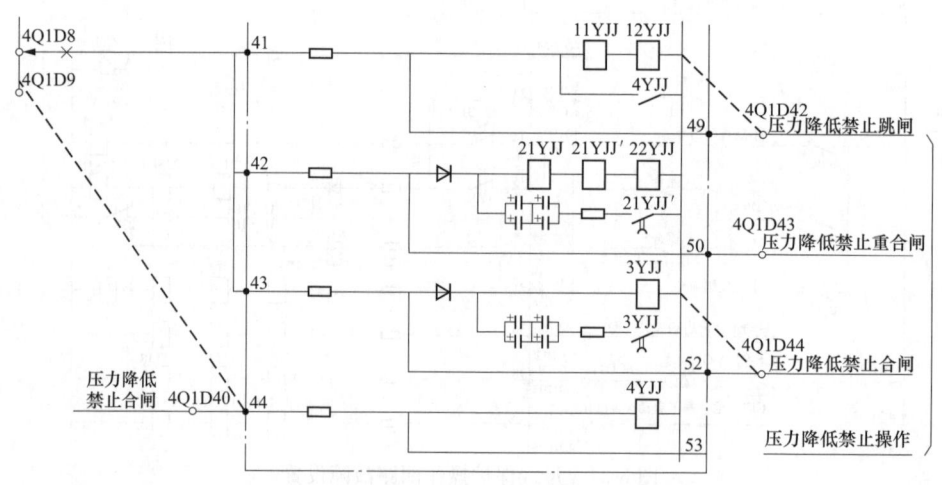

图 3-23　母线保护压力闭锁回路故障设置

表 3-4　母线保护开出回路常见故障点设置、故障现象及排查方法

故障类别	故障点设置	故障现象	排查方法
保护出口回路	保护跳闸回路虚接	保护发跳令，对应支路断路器跳不开	检查保护跳闸输出、永跳输入回路和至跳闸线圈回路，含压板、可见端子排、电缆
	两个支路的跳闸回路交换	保护动作时跳错路	
	保护跳闸接点接到手跳回路	保护跳闸时，操作箱跳闸信号灯不亮	检查手跳回路、信号复归回路

续表

故障类别	故障点设置	故障现象	排查方法
永跳 TJR 回路	TJR 输入端虚接	保护发跳令时,断路器不跳闸	检查保护跳闸输出、永跳输入回路和不分相/分相跳闸回路,含压板、可见端子排
不分相/分相跳闸回路	至跳圈的电缆虚接	保护发跳令时,断路器不跳闸,断路器在合位时,OP 灯不亮	
	短接 TBIJ 继电器	保护跳闸时,操作箱跳闸信号灯不亮	
母联跳闸位置	虚接跳闸位置回路	操作板跳闸位置错误	检查跳闸位置回路
操作箱复归按钮	复归按钮接点短接	保护跳闸时,操作箱跳闸信号灯不亮	检查操作箱复归按钮
	复归按钮接点虚接	保护跳闸时,操作箱信号灯不能复归	
压力回路异常	压力降低禁止操作 4YJJ 输入端与正电短接	4YJJ 继电器动作使 11YJJ/12YJJ 继电器返回,跳合闸回路被断开	检查压力闭锁回路
	压力降低禁止跳闸 11YJJ/12YJJ 输入端虚接正电或与负电短接	11YJJ/12YJJ 继电器不动作,跳合闸回路断开	

五、定值类故障设置

母线保护定值除了包括一般数值定值整定不合理,控制字、软压板整定错误以外,还包括一些与装置硬件相关的参数定值整定错误。例如,开入板开入电源电压以及 TA 二次额定值的整定值与实际硬件不一致,将导致装置开入不正确或者交流电流采样不正确;系统主接线错误,导致保护计算小差电流错误。母线保护定值类故障点设置、故障现象及排查方法见表 3-5。

表 3-5　母线保护定值类故障点设置、故障现象及排查方法

故障类别	故障点设置	故障现象	排查方法
光耦电源电压整定错误	NR1502A 插件将"插件 x 开入电源电压"整定为 48V/24V	装置报"插件 x 开入电源异常"	检查开入电源电压插件的电压等级以及光耦输入电源
TA 二次额定值整定错误	1A 的互感器整定为 5A	加电流采样时,装置显示的电流是所加电流的 5 倍	检查 TA 二次额定值是否与交流插件参数一致并修正
	5A 的互感器整定为 1A	加电流采样时,装置显示的电流是所加电流的 20%	
TA 一次额定值设置错误	支路 TA 一次额定值设置错误	影响实验过程中对差动加量方式的计算	检查支路 TA 变比和基准 TA 变比设置
	基准 TA 一次额定值设置不合理	差动电流精度不准	
系统主接线错误	装置参数中系统主接线错误	母差保护动作不正确或者有异常告警	检查系统主接线
软压板整定错误	将试验要求保护元件的功能软压板退出	保护元件不能动作	检查相关定值并修正
定值整定不合理	例如失灵电压闭锁定值设置不合理	失灵闭锁长期开放,无法验证失灵保护电压闭锁	检查失灵电压闭锁定值
控制字整定错误	将试验要求保护元件的相关控制字退出	保护元件不能动作	检查相关定值并修正
打印机参数设置错误	打印机串口波特率设置错误	打印乱码	检查打印回路和打印波特率

第四章

变压器保护

【概述】 本章主要介绍220kV及以上变压器保护的调试等内容，包括保护原理、主要实验方法、典型回路故障设置与排查，详细分析了变压器纵联差动保护、复合电压闭锁方向过电流保护、零序方向过电流保护等的基本原理与试验方法。通过本章的学习，可掌握常规变压器保护的原理、保护校验方法，以及常见异常的处理与故障排查。

第一节 保护原理

一、变压器纵联差动保护

1. 变压器接线组别对纵联差动的影响及解决方法

目前的变压器通常都有星形和三角形绕组，这导致各侧的电流产生了相角差。图4-1所示为目前常见的Yd11变压器的接线和电流相量图。

为了消除这个相角差对差动计算的影响，常规方法是将星形绕组的TA二次回路也接成三角形，将星形侧电流向三角形侧转换。这样的方法比较简单，但参与差动计算的电流是相间电流，无法进行涌流闭锁的按相判别。PCS-978采用的是从三角形侧向星形侧转换，如图4-2所示。由于三角形侧开关电流中无零序分量，在将三角形侧电流进行转角后，需要将星形侧电流中的零序分量去除后才能平衡，计算方式如下：

星形侧电流调整公式为

(a)接线　　(b)电流相量

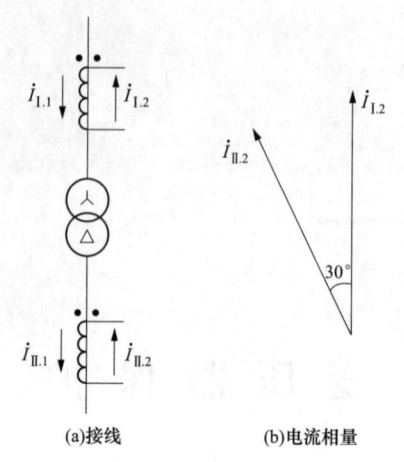

图 4-1　Yd11 变压器

$$\begin{cases} \dot{I}'_A = \dot{I}_A - \dot{I}_0 \\ \dot{I}'_B = \dot{I}_B - \dot{I}_0 \\ \dot{I}'_C = \dot{I}_C - \dot{I}_0 \end{cases} \tag{4-1}$$

三角形侧电流调整公式为

$$\begin{cases} \dot{I}'_a = (\dot{I}_a - \dot{I}_c)/\sqrt{3} \\ \dot{I}'_b = (\dot{I}_b - \dot{I}_a)/\sqrt{3} \\ \dot{I}'_c = (\dot{I}_c - \dot{I}_b)/\sqrt{3} \end{cases} \tag{4-2}$$

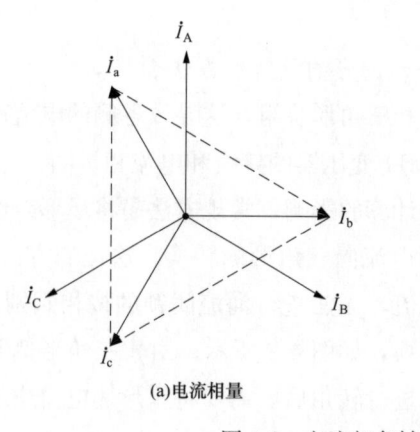

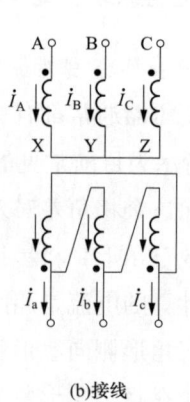

(a)电流相量　　(b)接线

图 4-2　电流相角转换

这样转换的好处是可以完成涌流闭锁的分相制动，在变压器空充到故障时，不考虑零序分量中含有励磁涌流的情况下（大量试验证明零序涌流远远小于最大相涌流），故障相涌流很小，可以做到故障相快速跳闸。

2. 纵联差动和差动速断的动作方程

装置采用具有比率制动特性的差动元件，且初始带制动。稳态比率差动元件由低值比率差动和高值比率差动两个元件构成。其动作方程为

$$\begin{cases} I_d > 0.2 I_r + I_{dqd}, & I_r \leqslant 0.5 \\ I_d > K_{bl}(I_r - 0.5) + 0.1 + I_{dqd}, & 0.5 \leqslant I_r \leqslant 6 \\ I_d > 0.75(I_r - 6) + 5.5 K_{bl} + 0.1 + I_{dqd}, & I_r > 6 \\ I_r = \dfrac{1}{2} \sum_{i=1}^{m} |I_i| \\ I_d = \left| \sum_{i=1}^{m} I_i \right| \end{cases} \tag{4-3}$$

$$\begin{cases} I_d > 0.6(I_r - 0.8) + 1.2 \\ I_r > 0.8 \end{cases} \tag{4-4}$$

式（4-3）为低值比率差动方程，式（4-4）为高值比率差动方程。K_{bl}为比率制动系数整定值（$0.2 \leqslant K_{bl} \leqslant 0.75$），一般推荐整定为$K_{bl}=0.5$，有些程序固化为0.5；$I_d$为差动电流标幺值；$I_r$为制动电流标幺值；$I_{dqd}$为差动启动电流标幺值；$I_i$为变压器各侧电流标幺值；$m$代表变压器绕组数，对于双绕组变压器$m=2$，对于三绕组变压器$m=3$。

根据上述的动作方程，可以得出稳态量差动的动作区域如图4-3所示。

为了保证区内故障的快速切除，只有低值比率差动元件（灵敏）带有TA饱和判据，高值比率差动元件（不灵敏）不设TA饱和判据。

针对变压器区内的严重故障，装置还设有快速动作的差动速断元件。差动速断元件不经任何条件闭锁，差动电流达到定值即动作。差动速断保护的动作方程如下

$$I_d > I_{dsd} \tag{4-5}$$

式中：I_{dsd}为差动速断定值。

3. 利用谐波识别励磁涌流

PCS-978系列变压器成套保护装置采用三相差动电流中二次谐波、三次谐

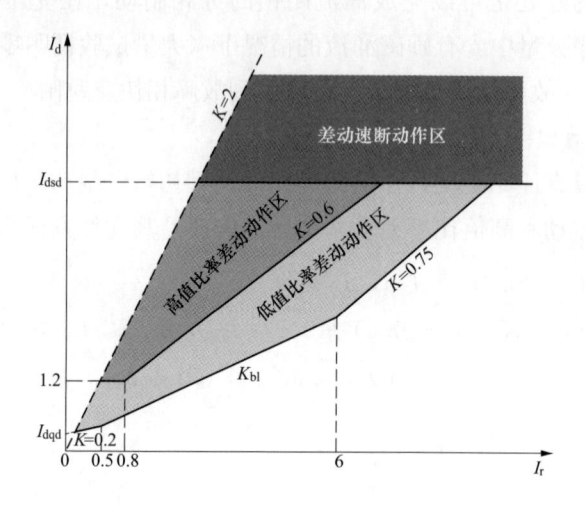

图 4-3 稳态量差动动作特性

波的含量来识别励磁涌流，判别方程如下

$$\begin{cases} I_{2d} > K_{2r} I_{1d} \\ I_{3d} > K_{3r} I_{1d} \end{cases} \quad (4-6)$$

式中：I_{2d}、I_{3d} 分别为变压器每相差动电流中的二次谐波和三次谐波；I_{1d} 为对应相的差动电流基波；K_{2r}、K_{3r} 分别为二次谐波和三次谐波制动系数整定值。装置中 K_{2r} 固定为 0.15，K_{3r} 固定为 0.2。当三相中某一相被判别为励磁涌流时，只闭锁该相比率差动元件。

4. TA 断线的判别方法

装置将差动电流回路的异常情况分为两种：未引起差动保护启动和引起差动保护启动。

(1) 未引起差动保护启动的差动电流回路异常报警。当任一相差动电流大于差动电流越限定值的时间超过 10s 时发出差流越限报警信号，不闭锁差动保护。当检测到差动电流异常后，如果同时检测到参与本差动保护的电流三相不平衡，延时 10s 后报该分支 TA 断线。

(2) 引起差动保护启动的差动电流回路异常报警。差动保护启动后满足以下任一条件认为是故障情况，开放差动保护，否则认为是差回路 TA 异常造成的差动保护启动。

1) 任一侧任一相间工频变化量电压元件启动；
2) 任一侧负序相电压大于 6V；
3) 启动后任一侧任一相电流比启动前增加；
4) 启动后最大相电流大于 $1.1I_N$。

通过改变"TA 断线闭锁差动保护"控制字的值，引起差动保护启动的差动电流回路异常可只发报警信号，或额定负荷下闭锁差动保护，或任何情况下闭锁差动保护。当"TA 断线闭锁差动保护"控制字整定为"0"时，比率差动不经过 TA 断线和短路闭锁。当"TA 断线闭锁差动保护"控制字整定为"1"时，低值比率差动经过 TA 断线和短路闭锁。工频变化量比率差动保护始终经过 TA 断线和短路闭锁。

由于上述判据采用了电压量与电流量相结合的方法，因此差动电流回路TA 二次回路断线与短路判别更准确、更可靠。

TA 断线在满足以下条件后延时 10s 自动返回：①差动保护启动、差动电流越限报警返回；②差动电流回路电流无品质异常；③各支路无不平衡；④其他差动电流回路不存在 TA 断线。

二、复合电压闭锁方向过电流保护

复合电压闭锁方向过电流保护主要作为变压器相间故障的后备保护。

1. 方向元件

方向元件采用正序电压，并带有记忆，近处三相短路时方向元件无死区。接线方式为零度接线方式。

TA 正极性端应在母线侧。当方向指向变压器时，灵敏角为 45°；当方向指向系统时，灵敏角为 225°。方向元件的动作特性如图 4-4 所示，阴影区为动作区。

装置后备保护分别设有控制字"X 侧复合电压过电流 I 段指向母线"来控制过电流保护各段的方向指向。当"X 侧复合电压过电流 I 段指向母线"控制字为"0"时，表示方向指向变压器；当"X 侧复合电压过电流 I 段指向母线"控制字为"1"时，方向指向系统。

2. 复合电压元件

对于变压器某侧复合电压元件可经其他侧的电压作为闭锁电压，也可能只经本侧闭锁。

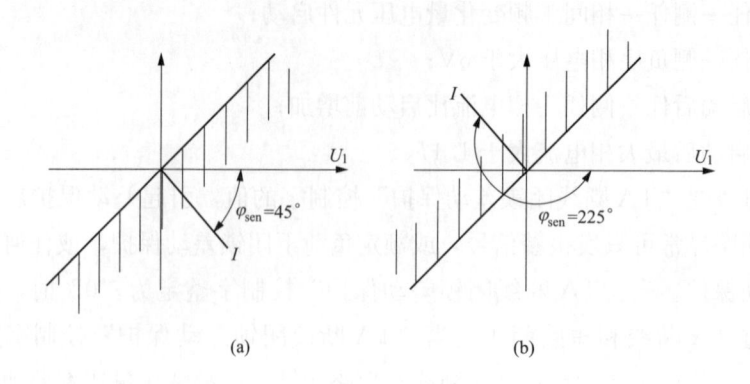

图 4-4 方向元件动作特性

(a) 方向指向变压器；(b) 方向指向系统

本侧 TV 断线后，该侧复合电压闭锁过电流保护，受其他侧复合电压元件控制；低压侧 TV 断线后，本侧（或本分支）复压合电闭锁过电流保护不经复合电压元件控制；对于低压侧总后备保护，当两分支电压均断线或退出时，复合电压闭锁过电流保护不经复合电压元件控制。方向元件始终满足。

当本侧 TV 检修或旁路代路未切换 TV 时，为保证本侧复合电压闭锁方向过电流的正确动作，需退出"本侧电压投入"压板，此时它对复合电压元件、方向元件有如下影响：该侧复合电压闭锁过电流保护，受其他侧复合电压元件控制；低压侧 TV 断线后，本侧（或本分支）复合电压闭锁过电流保护不经复合电压元件控制；对于低压侧总后备保护，当两分支电压均断线或退出时，复合电压闭锁过电流保护不经复压元件控制。方向元件始终满足。

三、零序方向过电流保护

装置分别设有"零序过电流用自产零序电流"控制字来选择零序过电流各段所采用的零序电流。若"零序过电流用自产零序电流"控制字为"1"时，本段零序过电流元件所采用的零序电流为自产零序电流；若"零序过电流用自产零序电流"控制字为"0"时，本段零序过电流元件所采用的零序电流是外接零序电流。方向元件固定使用自产零序电流进行判别。

当方向指向变压器，方向灵敏角为 $255°$；当方向指向系统，方向灵敏角为 $75°$。零序方向元件的动作特性如图 4-5 所示。

装置分别设有"X侧零序过电流Ⅰ段指向母线"控制字来控制零序过电流各段的方向指向。当"X侧零序过电流Ⅰ段指向母线"控制字为"0"时,方向指向变压器;当"X侧零序过电流Ⅰ段指向母线"控制字为"1"时,表示方向指向系统。

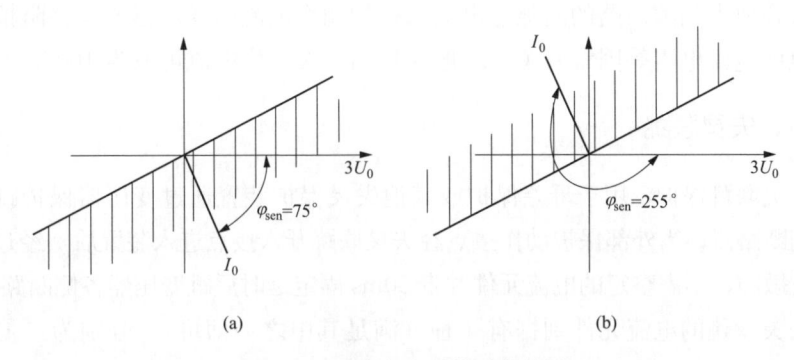

图 4-5 零序方向元件动作特性
(a) 方向指向系统;(b) 方向指向变压器

注意:零序方向元件所用电压固定为自产零序电压,电流固定为自产零序电流。以上所指的方向均是指 TA 的正极性端在母线侧,否则以上说明将与实际情况不符。

TV 异常或本侧电压退出时退出方向元件。

四、间隙保护

由于 220kV 及以上的变压器低压侧常为不接地系统,因此装置设有零序过电压和间隙过电流保护作为变压器低压侧接地故障保护。

间隙过电流保护、零序过电压保护动作并展宽一定时间后计时。考虑在间隙击穿过程中,间隙过电流和零序过电压可能交替出现,间隙过电流和零序过电压元件动作后相互保持,此时间隙保护的动作时间整定值和跳闸控制字的整定值均以间隙过电流保护的整定值为准。

零序过电压保护动作值整定为

$$U_{0.\max} < U_{\text{op}.0} \leqslant U_{\text{sat}} \tag{4-7}$$

式中:$U_{\text{op}.0}$ 为零序过电压保护动作值(二次值);$U_{0.\max}$ 为在部分中性点接地的

电网中发生单相接地时或中性点不接地变压器两相运行时，保护安装处可能出现的最大零序电压（二次值）；U_{sat}为用于中性点直接接地系统的电压互感器，在失去接地中性点时发生单相接地，开口三角绕组可能出现的最低电压。

考虑到中性点直接接地系统$\frac{X_{0\Sigma}}{X_{1\Sigma}} \leqslant 3$，一般取$U_{op.0}=180\text{V}$。

装在放电间隙回路的间隙过电流保护的动作电流与变压器的零序阻抗、间隙放电的电弧电阻等因素有关，一般保护的一次动作电流可取为100A。

五、失灵联跳

失灵联跳保护，用于母差保护或其他失灵保护装置通过变压器保护跳变压器各侧断路器；当外部保护动作接点经失灵联跳开入接点进入装置后，经过装置内部灵敏的、不需整定的电流元件并带50ms固定延时后跳变压器各侧断路器。

失灵联跳的电流元件判据有4种（满足其中之一即可），分别为：①高压侧相电流大于1.1倍额定电流；②零序电流大于0.1倍I_N；③负序电流大于0.1倍I_N；④电流突变量判据。

其中，电流突变量判据方程为

$$\Delta I > 1.25 \Delta I_t + I_{th} \tag{4-8}$$

式中：ΔI_t为浮动门槛，随着电流变化量增大而逐步提高，取1.25倍可保证动作门槛值始终略高于电流不平衡值；ΔI为电流变化量的幅值；I_{th}为固定门槛，取0.1倍的额定电流。

注意：失灵联跳开入超过10s后，装置报"失灵联跳开入报警"，并闭锁失灵联跳功能。

思考与练习

(1) 简述220kV电压等级的变压器保护配置。
(2) 差动保护的相位平衡是如何实现的？
(3) 如何识别励磁涌流？
(4) 复合电压闭锁方向过电流保护由哪几部分组成？

第二节　主要试验方法

本节以PCS-978变压器保护装置为例，详细介绍变压器的各种保护试验方法。

一、差动保护试验

1. *差动启动定值试验*

（1）高压侧（星形侧）做检验，在 A 相加入电流 I_A，根据本章第一节中介绍的相位调整方法进行调整，将会导致 A、B、C 三相同时出现差动电流。为了避免此种情况，使检验更容易进行，高压侧采用加电流方法，即 A、B 相加大小相同、方向相反的电流。

在试验仪 A 相和 B 相加入大小相同、方向相反的电流，从小逐渐变大，差动保护动作时，记录电流值 $I_{A(B)}$，此时其标幺值为 $I_{A(B)}^* = \dfrac{I_{A(B)}}{I_{hN}}$。

根据比率差动动作方程（4-3），可得 $I_{A(B)} = (I_{dqd}/0.9)I_{hN}$，其中 I_{hN} 为高压侧额定电流。

（2）低压侧（三角形侧）做检验，在 a 相加入电流 I_a，根据本章第一节的相位调整方法进行调整，将会导致 a 相电流出现差动电流。为避免此种情况，低压侧采用加电流方法，即 a 相加入电流。

在试验仪 a 相加入电流，从小逐渐增大，差动保护动作时，记录电流值 I_a，此时其标幺值为 $I_a^* = \dfrac{I_a}{\sqrt{3}\,I_{lN}}$。

根据比率差动动作方程，归算到差动回路的 I_a^* 应为 $I_{dqd}/0.9$，有名值 $I_a = \sqrt{3}(I_{dqd}/0.9)I_{lN}$，其中 I_{lN} 为低压侧额定电流。

差动保护启动定值试验加量方法见表 4-1。

表 4-1　　　　　　　　差动保护启动定值试验加量表

交流输出	电压幅值 (V)	电压相位 (°)	电流幅值（A） (临界动作值)	电流相位 (°)	备注
高压侧 加量法	$U_A = 57.7$	0	$I_A = (I_{dqd}/0.9)I_{hN}$	0	AB 相电流初始加量值比临界值低，同时升流，直到保护动作
	$U_B = 57.7$	−120	$I_B = (I_{dqd}/0.9)I_{hN}$	180	
	$U_C = 57.7$	120	$I_C = 0$	120	

续表

交流输出	电压幅值（V）	电压相位（°）	电流幅值（A）（临界动作值）	电流相位（°）	备注
低压侧加量法	$U_a=57.7$	0	$I_a=\sqrt{3}(I_{dqd}/0.9)I_{IN}$	0	a相电流初始加量值比临界值低，逐渐升流，直到保护动作
	$U_b=57.7$	−120	$I_b=0$	−120	
	$U_c=57.7$	120	$I_c=0$	120	

2. 差动速断保护试验

差动速断保护基于变压器磁平衡原理，可以反映高压侧、中压侧及低压侧开关之间的相间故障、接地故障及匝间故障。

(1) 投入主保护软压板、硬压板、差动速断控制字。任一相差动电流大于1.05倍差动速断整定值时装置瞬时动作跳开变压器各侧断路器，小于0.95倍差动速断整定值时装置不动作。差动速断动作时间（1.5倍整定值）不大于20ms。

(2) 速断保护不受二次谐波制动闭锁。

(3) 差动速断保护定值较大，保护动作后应及时退出试验电流。

差动速断保护试验加量方法见表4-2。

表4-2　　　　　　　差动速断保护试验加量表

交流输出	二次谐波电流幅值（A）	电压相位（°）	基波电流幅值（A）（临界动作值）	电流相位（°）	备注
高压侧加量法	$I_{A2}>0.15I_A$	0	$I_A=I_{dsd}I_{hN}$	0	A、B相初始加量值比临界值低，同时升流，直到保护动作
	$I_{B2}>0.15I_B$	−120	$I_B=I_{dsd}I_{hN}$	180	
	$I_{C2}=0$	120	$I_C=0$	120	
低压侧加量法	$I_{a2}>0.15I_a$	0	$I_a=\sqrt{3}I_{dsd}I_{IN}$	0	a相初始加量值比临界值低，逐渐升流，直到保护动作
	$I_{b2}=0$	−120	$I_b=0$	−120	
	$I_{c2}=0$	120	$I_c=0$	120	

第四章　变压器保护

为了达到仅差动速断保护动作的目的，可采用二次谐波制动的方法闭锁比率差动保护。

3. 低值比率差动试验

纵差保护基于变压器磁平衡原理，可以反映高压侧、中压侧及低压侧断路器之间的相间故障、接地故障及匝间故障。

（1）主保护软压板、硬压板、纵差保护控制字。任一相差动电流大于 1.05 倍差动保护整定值时装置瞬时动作跳开变压器各侧断路器，小于 0.95 倍差动保护整定值时装置不动作。纵差保护动作时间（2 倍整定值）不大于 30ms。

（2）差动比率制动曲线每段折线横坐标（制动电流）上选取多点，测试该点差动动作值，计算比率制动系数。首先在高压侧 A、B 相加入大小相同、方向相反的电流，低压侧 a 相中加入与高压侧 A 相相位相反的电流。高压侧电流大小为 $0.5I_{hN}$，低压侧电流大小为 $0.5\times\sqrt{3}I_{lN}$。

保持低压侧电流不变，将高压侧电流 A、B 相同时逐步增大，待差动保护动作时记下此时的动作电流。

调整初始平衡电流为高压侧 I_{hN}，低压侧 $\sqrt{3}I_{lN}$，再次得出一组试验值。

假设两组试验得出的高低压侧电流有名值分别为 $(I_{H1}、I_{L1})$、$(I_{H2}、I_{L2})$，计算得出动作时的两组标幺值为 $I_{H1}^*=\dfrac{I_{H1}}{I_{hN}}$，$I_{L1}^*=\dfrac{I_{L1}}{I_{lN}\times\sqrt{3}}$，$I_{H2}^*=\dfrac{I_{H2}}{I_{hN}}$，$I_{L2}^*=\dfrac{I_{L2}}{I_{lN}\times\sqrt{3}}$，由两组标幺值计算得出制动电流和差动电流为 $I_{r1}^*=0.5(I_{H1}^*+I_{L1}^*)$，$I_{d1}^*=I_{H1}^*-I_{L1}^*$，$I_{r2}^*=0.5(I_{H2}^*+I_{L2}^*)$，$I_{d2}^*=I_{H2}^*-I_{L2}^*$。

由上述两组值，得出差动电流和制动电流，计算得出比率制动系数 $K_{b1}=\dfrac{I_{d1}^*-I_{d2}^*}{I_{r1}^*-I_{r2}^*}$。

注意上述试验过程中，在加平衡电流时先观察差动电流是否为 0；两组试验值应在同一条动作斜率的曲线上。

低值比率差动试验加量方法见表 4-3。

4. 二次谐波制动

（1）投入主保护软压板、硬压板、纵差保护控制字。在单相基波电流回路中叠加大于定值的二次谐波分量，逐渐减小二次谐波分量电流直至差动保护动作。

表 4-3　　　　　　　　　低值比率差动试验加量表

交流输出	电流幅值（A）（低压侧）	电流相位（°）	电流幅值（A）（高压侧）	电流相位（°）	备注
第一组数据	$I_a=0.5\times\sqrt{3}\,I_{lN}$	180	$I_A=0.5I_{hN}$	0	加平衡后保持低压侧电流不变，将高压侧电流A、B相同时增大，待差动保护动作时记下此时的动作电流
	$I_b=0$	-120	$I_B=0.5I_{hN}$	180	
	$I_c=0$	120	$I_C=0$	120	
第二组数据	$I_a=1\times\sqrt{3}\,I_{lN}$	180	$I_A=I_{hN}$	0	
	$I_b=0$	-120	$I_B=I_{hN}$	180	
	$I_c=0$	120	$I_C=0$	120	

（2）谐波应能闭锁变压器比率差动保护高值和低值。

（3）由于电流速断保护不受二次谐波制动影响，加入基波电流量不能大于电流速断保护定值。

二次谐波制动试验加量方法见表 4-4。

表 4-4　　　　　　　　　二次谐波制动试验加量表

交流输出	二次谐波电流幅值（A）（临界值）	电流相位（°）	基波电流幅值（A）	电流相位（°）	备注
高压侧加量法	$I_{A2}=0.15I_A$	0	$I_A<I_{dsd}^*I_{hN}$	0	AB相二次谐波电流初始加量值比临界值高，同时降流，直到保护动作
	$I_{B2}=0.15I_B$	-120	$I_B<I_{dsd}^*I_{hN}$	180	
	$I_{C2}=0$	120	$I_C=0$	120	
低压侧加量法	$VI_{a2}=0.15I_a$	0	$I_a<\sqrt{3}\,I_{dsd}^*I_{lN}$	0	a相二次谐波电流初始加量值比临界值高，逐渐降流，直到保护动作
	$I_{b2}=0$	-120	$I_b=0$	-120	
	$I_{c2}=0$	120	$I_c=0$	120	

5. TA 断线闭锁差动

（1）投入主保护软压板、硬压板、TA 断线闭锁差动保护控制字及相关差动保护控制字。TA 断线后差动电流不大于 $1.2I_N$，应能告警并闭锁差动保护。TA 断线后差动电流大于 $1.2I_N$，不闭锁纵差保护比率制动高值。

（2）退出"TA 断线闭锁差动保护"控制字，TA 断线不闭锁差动保护。

（3）投入"TA 断线闭锁差动保护"控制字，TA 断线闭锁比率差动保护低值。

TA 断线闭锁差动试验加量方法见表 4-5。

表 4-5　　　　　　TA 断线闭锁差动试验加量表

交流输出	电压幅值（V）	电压相位（°）	电流幅值（A）（典型值）	电流相位（°）	时间（s）	备注
高压侧加量法	$U_A=57.7$	0	$I_A=0.8I_{dqd}$	0	20	高压侧 TA 断线
	$U_B=57.7$	−120	$I_B=0.8I_{dqd}$	180		
	$U_C=57.7$	120	$I_C=0$	120		
低压侧加量法	$U_a=57.7$	0	$I_a=0.8\sqrt{3}I_{dqd}$	0	20	低压侧 TA 断线
	$U_b=57.7$	−120	$I_b=0$	−120		
	$U_c=57.7$	120	$I_c=0$	120		

6. 高值比率差动试验

投入"差动保护定值"菜单中的"TA 断线闭锁差动保护"控制字。首先设置适当的电流值使装置报 TA 断线。然后锁定试验仪输出（防止 TA 断线复归），按照与低值比率差动试验方法类似的升流方法进行试验，验证高值比率制动系数 K。注意输入完毕各组临界试验数据后解除试验仪锁定状态。

以在 $I_r=1I_N$ 和 $I_r=2I_N$ 时差动保护动作校验高值比率制动系数 K 为例，计算过程及试验方法如下：

$$\left.\begin{array}{l} I_r^*=0.5(I_h^*+I_l^*)=1 \\ I_d^*=I_h^*-I_l^*=1.32(I_r \text{ 代入高值方程求得}) \end{array}\right\}=>$$

$$\left.\begin{array}{l} I_h^*=1.66 \\ I_l^*=0.34 \end{array}\right\}=>\left.\begin{array}{l} I_{hl}=1.66I_{hN} \\ I_{ll}=0.34\times\sqrt{3}I_{lN} \end{array}\right\}$$

$$\left.\begin{array}{l} I_r^*=0.5(I_h^*+I_l^*)=2 \\ I_d^*=I_h^*-I_l^*=1.92(I_r \text{ 代入高值方程求得}) \end{array}\right\}=>$$

$$\left.\begin{aligned}I_h^*&=1.96\\I_l^*&=0.04\end{aligned}\right\}=>\left.\begin{aligned}I_{h2}&=1.96I_{hN}\\I_{l2}&=0.04\times\sqrt{3}\,I_{lN}\end{aligned}\right\}$$

在装置发出 TA 断线后锁定试验仪输出,高压侧 A、B 相加大小相等方向相反的电流,电流初始值比 $I_{h1}(I_{h2})$ 略低,低压侧加 $I_{l1}(I_{l2})$,同时缓慢升高高压侧 A、B 相电流,待差动保护刚好动作时记下此时装置中显示的差动电流 $I_{d1}^*(I_{d2}^*)$ 和制动电流 $I_{r1}^*(I_{r2}^*)$,计算得出高值比率制动系数 $K=\dfrac{I_{d1}^*-I_{d2}^*}{I_{r1}^*-I_{r2}^*}$。

也可采用三次谐波饱和判据闭锁低值比率差动方法验证高值比率制动系数,此方法无须模拟 TA 断线,但需要在高压侧或低压侧叠加大于 20% 基波电流的三次谐波,其余步骤同上。

高值比率差动试验加量方法见表 4-6。

表 4-6　　　　　　　　高值比率差动试验加量表

交流输出	电流幅值（A） （低压侧临界值）	电流相位 (°)	电流幅值（A） （高压侧临界值）	电流相位 (°)	时间 (s)	备注
第一组 数据 ($I_r=I_N$)	$I_a=0.34\times\sqrt{3}\,I_{lN}$	180	$I_A=1.66I_{hN}$	0	手动 触发	加量时高压侧 AB 相电流初始值比表中值略低,同时缓慢升高 A、B 相电流,待差动保护刚好动作时记下此时的动作电流
	$I_b=0$	−120	$I_B=1.66I_{hN}$	180		
	$I_c=0$	120	$I_C=0$	120		
第二组 数据 ($I_r=2I_N$)	$I_a=0.04\times\sqrt{3}\,I_{lN}$	180	$I_A=1.96I_{hN}$	0		
	$I_b=0$	−120	$I_B=1.96I_{hN}$	180		
	$I_c=0$	120	$I_C=0$	120		

二、后备保护试验

1. 复压过电流保护

(1) 投入后备保护软压板、硬压板,电压投入硬压板,复压闭锁过电流控制字。

(2) 复压闭锁过电流定值测试。使低电压或负序电压满足启动条件,故障电流大于 1.05 倍复压闭锁过电流定值时装置动作,小于 0.95 倍复压闭锁过电流定值时装置不动作。

(3) 低压闭锁定值测试。使故障电流满足动作条件,三相正序电压小于

0.95倍低电压闭锁定值时装置动作,大于1.05倍低电压闭锁定值时装置不动作。

(4) 负序电压闭锁定值测试。使故障电流满足动作条件,负序电压大于1.05倍负序电压闭锁定值时装置动作,小于0.95倍负序电压闭锁定值时装置不动作。

(5) 复压过电流保护动作时间（1.2倍整定值）不大于40ms。

(6) 低压侧负序电压闭锁定值固定为4V。

(7) 对于高、中压侧,当本侧TV异常时,本侧复压元件不满足条件,但复压过电流保护可经其他侧复合电压启动;对于低压侧,当本侧TV异常时,本侧复压元件自动满足条件。

复压过电流保护试验加量方法见表4-7。

表4-7 复压过电流保护试验加量表

状态序列	电压幅值(V)	电压相位(°)	电流幅值(A)	电流相位(°)	时间(s)	备注
状态一	$U_A=57.7$	0	$I_A=0$	0	12	模拟A相故障,m取0.95不动作,1.05动作。I_{set}为相应段电流定值,T_n为相应段时间定值
	$U_B=57.7$	−120	$I_B=0$	−120		
	$U_C=57.7$	120	$I_C=0$	120		
状态二	$U_a=30$（满足复压闭锁）	0	$I_a=mI_{set}$	−45（方向指向变压器）	$T_n+0.1$	
	$U_b=57.7$	−120	$I_b=0$	−120		
	$U_c=57.7$	120	$I_c=0$	120		

2. 零序过电流保护

(1) 投入后备保护软压板、硬压板、零序过电流保护控制字。零序电流大于1.05倍零序电流定值装置动作,小于0.95倍零序电流定值装置不动作。零序过电流保护动作时间（1.2倍整定值）不大于40ms。

(2) 高压侧和中压侧的零序过电流保护的方向元件采用自产零序电压和自产零序电流。零序过电流Ⅰ段采用自产零序电流并经方向闭锁,零序过电流Ⅱ段采用外接零序电流且不经方向闭锁。

(3) "零序过电流Ⅰ段方向指向母线"控制字整定为0时,方向指向变压器，方向灵敏角为255°；整定为1时，方向指向母线，方向灵敏角为75°。方向元件动作区的确定方法是，模拟故障，使零序电压角度固定，零序电流大小为1.2整定值，零序电流相位从理论不动作区的两个边界转向动作区，方向元件动作边界允许误差为±3°。

(4) TV断线时零序过电流保护的方向元件满足条件。

零序过电流保护试验加量方法见表4-8。

表4-8 零序过电流保护试验加量表

状态序列	电压幅值(V)	电压相位(°)	电流幅值(A)	电流相位(°)	时间(s)	备注
状态一	U_A=57.7	0	I_A=0	0	12	模拟A相故障，m取0.95不动作，1.05动作。I_{set}为相应段电流定值，T_n为相应段时间定值
	U_B=57.7	−120	I_B=0	−120		
	U_C=57.7	120	I_C=0	120		
状态二	U_a=30（满足方向判别）	0	$I_a=mI_{set}$	−75（方向指向变压器）	T_n+0.1	
	U_b=57.7	−120	I_b=0	−120		
	U_c=57.7	120	I_c=0	120		

3. 零序过电压与间隙过电流

间隙过电流保护、零序过电压保护动作并展宽一定时间后计时。考虑到在间隙击穿过程中，间隙过电流和零序过电压可能交替出现，零序过电压和间隙过电流元件动作后相互保持，此时间隙保护的动作时间整定值和跳闸控制字的整定值均以间隙过电流保护的整定值为准。

加量方法见表4-9～表4-12。

4. 失灵联跳

(1) 投入后备保护软压板、硬压板、失灵联跳控制字。失灵联跳的电流元件不需整定并带50ms固定延时联跳变压器各侧断路器。

(2) 失灵联跳电流动作值测试。分别模拟高压侧和中压侧外部保护动作接点经失灵联跳开入接点进入装置，电流大于1.05倍电流固定值，失灵联跳保护动作；电流小于0.95倍电流固定值，失灵联跳保护不动作。

表 4-9　　零序过电压（自产零压，120V 门槛值）保护试验加量表

状态序列	电压幅值（V）	电压相位（°）	电流幅值（A）	电流相位（°）	时间（s）	备注
状态一	U_A=57.7	0	I_A=0	0	12	m 取 0.95 不动作，1.05 动作（自产零压）。T_n 为相应段时间定值
	U_B=57.7	−120	I_B=0	−120		
	U_C=57.7	120	I_C=0	120		
状态二	U_A=m×60	0	I_A=0	0	T_n+0.1	
	U_B=m×60	0	I_B=0	−120		
	U_C=0	120	I_C=0	120		

表 4-10　　零序过电压（外接零压，180V 门槛值）保护试验加量表

状态序列	电压幅值（V）	电压相位（°）	电流幅值（A）	电流相位（°）	时间（s）	备注
状态一	U_A=57.7	0	I_A=0	0	12	m 取 0.95 不动作，1.05 动作（外接零压）。T_n 为相应段时间定值
	U_B=57.7	−120	I_B=0	−120		
	U_C=57.7	120	I_C=0	120		
状态二	U_A=m×90	0	I_A=0	0	T_n+0.1	
	U_B=m×90	180	I_B=0	−120		
	U_C=0	120	I_C=0	120		

表 4-11　　间隙过电流（100/n_{TA} 门槛值）保护试验加量表

状态序列	电压幅值（V）	电压相位（°）	电流幅值（A）	电流相位（°）	时间（s）	备注
状态一	U_A=57.7	0	I_{JX}=0	0	12	I_{JX} 为间隙电流，m 取 0.95 不动作，1.05 动作（外接零压）。T_n 为相应段时间定值
	U_B=57.7	−120				
	U_C=57.7	120				
状态二	U_A=57.7	0	I_{JX}=m×100/n_{TA}	0	T_n+0.1	
	U_B=57.7	−120				
	U_C=57.7	120				

表 4-12 零序过电压与间隙过电流互保持（以自产零压为例）保护试验加量表

状态序列	电压幅值 (V)	电压相位 (°)	电流幅值 (A)	电流相位 (°)	时间 (s)	备注
状态一	$U_A=57.7$	0	$I_{JX}=0$	0	12	
	$U_B=57.7$	−120				
	$U_C=57.7$	120				
状态二	$U_A=m\times60$	0	$I_{JX}=0$	0	T_1	m 取 0.95 不动作，1.05 动作。T_1+T_2 应大于间隙保护动作时间定值
	$U_B=m\times60$	0				
	$U_C=0$	120				
状态三	$U_A=57.7$	0	$I_{JX}=m\times100/n_{TA}$	0	T_2	
	$U_B=57.7$	−120				
	$U_C=57.7$	120				

（3）失灵联跳动作时间测试。在 1.2 倍的电流固定值测试动作时间，要求动作时间误差不大于 40ms。

（4）失灵联跳返回时间测试。失灵联跳保护动作后切除故障，测试失灵联跳返回时间，要求返回时间不大于 40ms。

思考与练习

（1）简述 220kV 变压器保护装置的调试作业流程。
（2）复合电压闭锁方向过电流保护需要校验哪些定值？如何校验？
（3）零序方向过电流保护试验需要校验哪些定值？如何校验？

第三节 典型回路故障设置与排查

常见的故障类型一般分为装置故障和回路故障，装置故障多为定值及软压板设置，较为容易排查。这里重点分析二次回路及操作箱故障。

常见的虚接故障设置方法如下：
（1）采用透明胶带或绝缘胶带包二次接线头；
（2）处理短接片上的短接螺钉，使得某个端子与短接片不连接；

(3) 处理端子内部连通机构，使得端子左右两侧不通；
(4) 处理压板内部接线柱，使得压板前后两端不通；
(5) 采用假导线接入对应端子，真导线隐藏起来；
(6) 真导线与备用导线互换，导致回路不通；
(7) 将某个常闭触点串入某个回路中，当常闭触点断开时，形成虚接。

常见的短接故障设置方法如下：
(1) 采用细铜丝，连接两个端子；
(2) 采用细铜丝，连接压板上下端子；
(3) 采用细铜丝，连接两个压板同一端；
(4) 将某个常开触点并在两个端子之间，当常开触点闭合时形成短路；
(5) 利用端子连片变形或伸长，连接相邻端子。

一、交流回路

与线路保护相比，变压器保护具有更多的电流和电压回路。对于电压回路，由于电压不能短路，不会设置两侧之间联系的故障点，因此与线路的故障点相同。对于电流回路，除了线路保护部分设置的故障点，还有两侧之间联系的故障点，单侧加电流可能无法发现故障点。

常见的检查方法：在对应侧用试验仪输出大小不等、角度对称的三相电流和电压，检查装置的采样值和相角，判断故障点。结合试验项目，如要求试验某侧后备保护，则在对应侧用试验仪输出大小不等、角度对称的三相电流和电压，检查装置的采样值和相角，判断故障点。如差动保护要求试验某两侧，则在对应两侧施加平衡电流，检查装置的采样值和相角，判断故障点。

交流回路常见故障点设置、故障现象及排查方法见表 4-13。

表 4-13　　　　交流回路常见故障点设置、故障现象及排查方法

故障类别	故障点设置	故障现象	排查方法
TA 分流	两个相 TA 输入端短接	两个故障相的电流幅值异常，不影响非故障相电流	检查故障相电流端子有无附加短接线
	相 TA 的极性端与非极性端短接	一个故障相的电流幅值异常，不影响非故障相电流	检查故障相电流端子有无附加短接线

续表

故障类别	故障点设置	故障现象	排查方法
TA 分流	零序 TA 的极性端与非极性端短接	外接零序电流幅值异常	检查外接零序电流端子有无附加短接线
TA 开路	相 TA 在极性端或非极性端开路	故障相电流的幅值异常，不影响非故障相电流	万用表测量相 TA 回路电阻
	零序 TA 在极性端或非极性端开路	无外接零序电流	检查零序 TA 回路
TA 极性错误	相 TA 的极性端与非极性端交换	故障相的电流相位错误，不影响非故障相电流	检查故障相电流端子号
TA 相序错误	相 TA 的两个极性端交换	故障相的电流幅值/相位错误，不影响非故障相电流	根据幅值和相位确定故障相别，检查故障相电流端子号
	三相 TA 的极性端顺序交换	故障相的电流幅值/相位错误	根据幅值和相位确定故障相别，检查故障相电流端子号
两侧的 TA 有寄生回路	一侧的一相电流输入端与另一侧的一相电流输入端短接	差动保护试验时出现分流，两侧采样不准	差动试验时，加平衡电流，核实各相电流情况
	一侧的一相电流输入端与另一侧 N 相电流输入端短接	差动保护试验时出现分流，至少一侧采样不准	
TV 短路（通常不设置该故障，会导致试验仪报警）	两相 TV 输入端短接。一相 TV 输入端与 N 相短接	保护试验仪报警（鸣叫），无法输出电压	用万用表测量两相之间和相地之间的电阻，确定短接位置
TV 开路	某相 TV 开路	故障相电压幅值异常，不影响非故障相电压	万用表测量相 TV 回路电阻，检查 TV 相端子
	TV 的 N 相开路	三相电压的幅值/相位异常，零序电压为三次谐波	N 相开路，检查 TV 的 N 相端子

第四章 变压器保护

续表

故障类别	故障点设置	故障现象	排查方法
TV 相序错误	两相 TV 的输入端交换	故障相的电压幅值/相位错误，不影响非故障相电压	根据幅值和相位确定故障相别，检查故障相电压端子号
	三相 TV 的输入端顺序交换	故障相的幅值/相位错误	
N 相接线错误	一相 TV 输入端与 N 相交换	三相电压幅值/相位均异常	N 相回路异常，检查 TV 的 N 相端子
两侧电压线交换（要求交流回路靠得近）	某侧的某相电压与另一侧的某相电压交换	对应相电压采样异常	万用表测量相 TV 回路电阻，检查 TV 相端子
	某侧的 N 相电压与另一侧的某相电压交换	三相电压的幅值/相位异常，零序电压为三次谐波	N 相开路，检查 TV 的 N 相端子

二、开入回路

变压器保护开入回路较线路简单，除了失灵联跳开入外，基本都是功能压板。高中压侧有 TWJ 输入，但不是 3/2 系统主接线时，其开入端子不引出到端子排。24V 光耦电源不接地，测量时应以光耦正/负电源作为参考电位。虚接方法除了电缆、短接片外，还可能设置在压板、端子等附件上。

变压器保护的开关量输入按功能可分为光耦失电、功能压板、断路器位置、信号复归等。

1. 光耦失电

当装置报"光耦失电"时，说明检测到的光耦电源电压异常。

若其他开入量能正常变位，说明是光耦失电回路存在异常。按回路分段检查对应端子的电位，查找虚接点。通常对应的线缆或光耦公共端的短接片存在虚接情况。

若所有开入异常，则是光耦电源至光耦公共端回路存在异常。按回路分段检查对应端子的电位，查找虚接点。通常对应的线缆或光耦公共端的短接片存在虚接情况。

2. 功能压板

当功能压板未投入时，会导致对应保护元件不动作。功能压板误投入时，可能会导致不应动作的元件动作。

若所有的功能压板开入量均为 0，说明是其公共回路存在异常。按回路分段检查对应端子的电位，查找虚接点。通常到压板上端的线缆或光耦公共端的短接片存在虚接情况。

若某个功能压板开入量为 0，除进行上述检查外，还应增加压板两端以及压板附件是否存在虚接情况。

若某个功能压板开入量始终为 1，应检查压板两端是否存在短接情况，以及光耦输入端与光耦电源是否存在短接情况。

3. 断路器位置

TWJ 输入不正确，会影响 TV 断线判据。

检查电源插件的"光耦电源正"，光耦电源公共端，操作箱的三相 TWJ 接点两端（或再经重动继电器输出的接点两端），光耦插件三相跳闸位置输入操作箱相关回路，包括 TWJ 继电器回路和 TWJ 接点回路。

4. 信号复归

信号复归输入不正确，会影响保护跳闸灯是否点亮，以及能否复归。

检查电源插件的"光耦电源正"、光耦电源公共端、复归按钮两端、光耦插件信号复归输入以及复归按钮两端的电缆。

5. 打印

打印输入不正确，会影响装置的打印。

检查电源插件的"光耦电源正"，光耦电源公共端，打印按钮两端，光耦插件打印输入以及打印口接线是否正确。

6. 失灵联跳

失灵联跳回路路径：变压器保护光耦电源正，失灵联跳接点（母线保护或断路器保护），变压器保护光耦插件失灵联跳输入。

失灵联跳开入长期为 1，装置会报警。如果未报警且电流满足条件，失灵联跳会动作。

开入回路常见故障点设置、故障现象及排查方法见表 4-14。

表 4-14　　　　开入回路常见故障点设置、故障现象及排查方法

故障类别	故障点设置	故障现象	排查方法
光耦电源公共端虚接	光耦电源公共端虚接或挪至其他端子	投入任一个功能压板时，对应的压板不变位，无变位报告，影响保护的功能试验	功能压板光耦电源消失，检查电缆、短接片、端子
	功能压板公共端虚接或挪至其他端子		
特定输入回路断线	将特定功能压板回路端子虚接或挪至其他端子	投入该功能压板时，对应的压板不变位，无变位报告，影响保护的功能试验	功能压板回路断线，检查对应的压板及其相关回路
	光耦监视输入电缆虚接或挪至其他端子	报"光耦失电"，不影响任何功能	光耦监视回路断线，检查对应的电缆及短接片
特定输入回路短接	将特定功能压板上下端子短接	对应功能压板开入始终为 1	检查对应的压板及其相关回路
功能压板输入不对应	不同功能的压板电缆交换接线	投入功能压板时，相应的压板不变位，而其他压板输入有变化，并影响保护的功能试验	检查对应的压板及其相关回路
两个功能压板同时动作	两个功能压板下端短接	投入一个压板，两个开入同时变位	检查同时变位的开入回路
功能压板回路串入异常接点	将"装置异常"接点串在"光耦电源＋"与功能压板公共之间	未试验时，装置报"TV 断线"，异常接点闭合，功能压板可正常投退；电压恢复后，"TV 断线"消失，断开"光耦电源＋"与功能压板公共，保护功能退出，影响保护试验	在试验的过程中，保护不动作，通过分析装置的变位报告，确定有无异常变位；检查光耦输入回路

续表

故障类别	故障点设置	故障现象	排查方法
功能压板回路并联跳闸接点	将"保护跳闸"接点并接在"光耦电源＋"与功能压板公共之间	保护动作时，投入某个功能，如差动保护功能。试验后备保护时引起差动保护动作	通过分析装置的变位报告，确定有无异常变位；检查光耦输入回路
复归按钮异常	复归按钮接点短接	保护跳闸时，跳闸信号灯不亮	检查复归按钮及其开入回路
复归按钮异常	复归按钮接点虚接	保护跳闸时，信号灯不能复归	检查复归按钮及其开入回路
打印按钮异常	打印按钮接点虚接	按打印按钮时，打印机不存在	检查打印按钮及其开入回路
打印按钮异常	打印口电缆虚接	按打印按钮时，打印机不存在	检查打印按钮及其开入回路
打印按钮异常	打印口电缆接线错误	按打印按钮时，打印机不工作	检查打印按钮及其开入回路
异常接点串入"XX侧电压投入"	异常接点串入"XX侧电压投入"回路	未输入电压时报TV断线，不影响电压投入压板的状态。TV断线恢复后，电压投入退出，影响复压方向过电流和零序方向过电流保护	检查"XX侧电压投入"开入回路
失灵联跳开入异常	利用保护的跳闸接点启动失灵联跳开入	保护跳闸时启动失灵联跳	检查失灵联跳开入过来的相关回路，如位置信号、跳闸信号

三、开出回路

保护的跳闸输出接点比较多，注意检查跳闸矩阵、对应的跳闸接点。

操作箱分高、中、低三侧，可能还有母联操作箱。其相关故障点与线路操作箱基本一致，但由于跳闸不分相，所以故障点比线路简单。

可以采用短接线短接单跳、手跳、永跳、手合等输入端，根据开关状态、跳合闸灯的情况，确定故障回路。

开出回路常见故障点设置、故障现象及排查方法见表 4-15。

表 4-15 开出回路常见故障点设置、故障现象及排查方法

故障类别	故障点设置	故障现象	排查方法
保护出口回路	保护跳闸回路虚接	保护发跳令，对应侧断路器跳不开	检查跳闸矩阵，检查保护跳闸输出、永跳输入回路和至跳闸线圈回路，含压板、可见的端子排、电缆
	两侧的跳闸回路交换	后备保护动作时，跳闸次序与跳闸矩阵不一致	
	保护跳闸接点接到手跳回路	保护跳闸时，操作箱跳闸信号灯不亮	检查手跳回路、TBIJ 回路（不分相操作箱）和信号复归回路
	保护跳闸接点接在 TBIJ 继电器（不分相操作箱）后面	保护跳闸时不启动 TBIJ，操作箱跳闸信号灯不亮	
永跳 TJR 回路	TJR 输入端虚接	保护发跳令时，断路器不跳闸	检查跳闸矩阵，检查保护跳闸输出、永跳输入回路和不分相/分相跳闸回路，含压板、可见的端子排、电缆
不分相/分相跳闸回路	至跳圈的电缆虚接	保护发跳令时，断路器不跳闸。断路器在合位时，OP 灯不亮	
	短接 TBIJ 继电器	保护跳闸时，操作箱跳闸信号灯不亮	检查手跳回路、TBIJ 回路（不分相操作箱）和信号复归回路
跳闸位置回路（中低压侧）	虚接跳闸位置回路	操作板跳闸位置指示错误	检查跳闸位置回路
合闸位置回路（中低压侧）	虚接合闸位置回路	操作板合闸位置指示错误	检查合闸位置回路
	交换接跳闸位置和合闸位置电缆	操作板跳闸/合闸位置指示错误	检查跳闸、合闸回路
操作箱复归按钮	复归按钮接点短接	保护跳闸时，操作箱跳闸信号灯不亮	检查操作箱复归按钮
	复归按钮接点虚接	保护跳闸时，操作箱信号灯不能复归	

续表

故障类别	故障点设置	故障现象	排查方法
压力回路异常	压力降低禁止操作 4YJJ 输入端与正电短接	4YJJ 继电器动作复归 11YJJ/12YJJ 继电器，跳合闸回路被断开	检查压力闭锁回路
	压力降低禁止跳闸 11YJJ/12YJJ 输入端虚接正电或与负电短接	11YJJ/12YJJ 继电器不动作，跳合闸回路被断开	检查压力闭锁回路

四、保护定值

某些参数定值与装置硬件相关，如"插件 X 开入电源电压"和"TA 二次额定值"如果整定值与实际硬件不一致，装置运行灯亮，无报警信息，但会导致装置开入不正确或者交流电流采样不正确。变压器钟点数整定错误，会导致差动电流计算错误。相关功能的控制字或软压板未投入，会导致保护不动作。跳闸矩阵未投入导致出口接点不动作。定值校验出错，会导致运行灯不亮。

保护定值常见故障点设置、故障现象及排查方法见表 4-16。

表 4-16　　保护定值常见故障点设置、故障现象及排查方法

故障类别	故障点设置	故障现象	排查方法
光耦电源电压整定错误	开入插件电源电压整定为 48V/24V	装置报"插件 X 开入电源异常"	检查开入电源电压插件的电压等级以及光耦输入电源
TA 二次额定值整定错误	1A 的互感器，整定为 5A	加电流采样时，装置显示的电流是所加电流的 5 倍	检查"TA 二次额定值"是否与交流插件参数一致，并修正
	5A 的互感器，整定为 1A	加电流采样时，装置显示的电流是所加电流的 1/5	
软压板整定错误	将试验要求保护元件的功能软压板退出	保护元件不能动作	检查相关定值，并修正

第四章 变压器保护

续表

故障类别	故障点设置	故障现象	排查方法
控制字整定错误	将试验要求保护元件的相关控制字退出	保护元件不能动作	检查相关定值，并修正
	方向保护方向指向错误	校验的方向与实际方向相反	
差动保护钟点数错误	变压器差动保护钟点数整定错误	影响差流平衡，影响校验结果	检查采样和钟点数
启动定值不合理	装置的启动定值大于过量保护定值	在校验差动保护的动作定值时，动作行为不正确	检查相关定值，并修正
出口矩阵整定错误	跳闸出口矩阵整定为0	保护跳闸后不出口	检查跳闸回路和跳闸矩阵
打印机参数设置错误	打印机串口波特率设置错误	打印乱码	检查打印回路和打印波特率

思考与练习

（1）哪些开入量、开出量需要检查？

（2）如何进行交流回路校验？

（3）在给变压器保护加分相电压采样时，试验仪输出 10∠0°、20∠－120°、30∠120°V，保护装置显示电压大小为 17、22、27V，请判断可能的故障点有哪些？

第五章

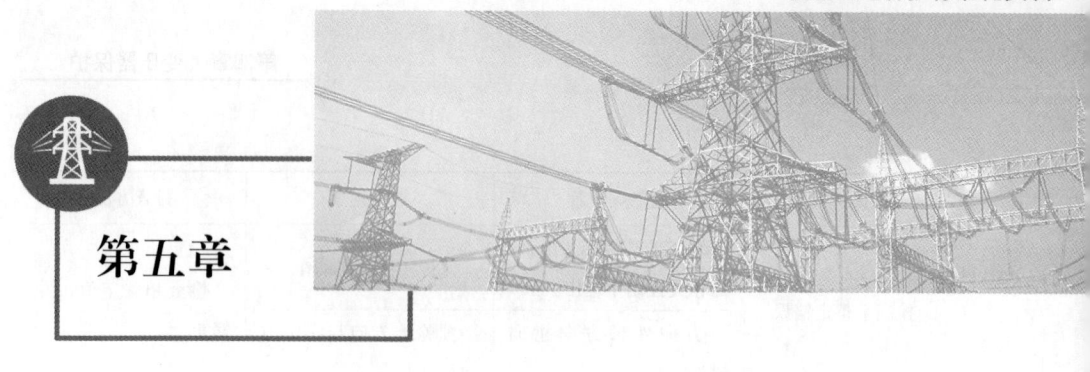

就地化保护

【概述】 本章主要介绍就地化保护调试检修的相关内容，包括就地化保护方案、保护配置方法、现场安全措施以及异常处理。主要是针对就地化保护的基本概念、特点、线路保护和智能管理单元方案进行了说明，就如何在智能管理单元进行新设备的配置流程进行了详细的介绍。最后对就地化保护现场运维相关的安全措施和异常处理方法进行了介绍。通过本章的学习，能够掌握就地化保护配置和常见异常的处理与排查。

第一节 就地化保护方案

一、就地化保护背景

近年来，智能变电站相关专业技术取得了长足发展。电子式互感器、合并单元、智能终端等新设备大量应用，智能电子设备（Intelligent Electronic Device，IED）的布置方式由二次小室向户外柜、预制舱等就地化方式发展。目前，智能变电站采用大量"智能终端＋合并单元"的过程层设备，继电保护传输及转化环节过多，造成保护动作时间延长，继而影响系统稳定计算边界；单一设备故障可能造成多套保护不正确动作，合并单元无法满足装置内部单一设备损坏时保护不能误动作的基本要求，以致继电保护的速动性、系统稳定性及可靠性有所降低。现阶段二次设备种类繁多、二次回路复杂，现场接线、配置、调试及检修等工作量大，单一设备检修导致多间隔设备甚至全站陪停，安装、调试及检修时间长。随着电网规模不断扩大，现有运维检修力量承载力不足。

随着设备制造水平的提升,尤其是芯片技术的发展,即插即用保护装置将贴近一次设备就地化布置或与一次设备集成,提升保护性能。就地化即插即用保护的运用能节省变电站占地面积,大大缩短现场调试时间及停电检修时间。大力推进继电保护就地化、小型化技术应用已成为电网公司重点工作的重中之重,就地化保护也成为国网公司第三代智能变电站的显著特征。

二、就地化保护基本概念

(1) 就地化继电保护。由就地化继电保护装置、智能管理单元、就地化保护专网设备、就地操作箱、连接器及预制电(光)缆、就地化端子箱及相关二次回路等构成,可实现完整的继电保护功能。

(2) 工厂化调试。搭建仿真测试环境,开展就地化继电保护设备的单体检验和全站就地化继电保护整体功能联调检验,出具测试合格报告。

(3) 更换式检修。以就地化继电保护自身特点为基础,遵循"先检验后更换"的原则,以检验合格的就地化备用保护设备替换现场运行设备,达到减轻现场作业压力,提高就地化继电保护检修效率。

(4) 更换式检修中心。就地化继电保护更换式检修专用检验场所,具备相应的测试环境、空间、设备、仪器仪表及其他软、硬件条件,储备充足的就地化备用保护设备并实施有效管理。

(5) 就地化继电保护专用测试平台。模拟现场运行环境,通过连接器与就地化继电保护装置进行连接,自动完成功能测试并生成测试报告。

(6) 就地化继电保护运维主站。在线获取就地化继电保护装置备份文件、版本信息、运行状态、通信状态、动作信息及智能管理单元的备份文件等,实现对就地化继电保护的在线监视、智能诊断、故障分析与文件管理。

三、就地化保护特点

(1) 就地化保护装置贴近一次设备就地布置,采用电缆直接采样,直接跳闸。

(2) 为保证保护的独立性和可靠性,就地化保护设置全站保护装置专用通信网络，简称保护专网。保护专网具备 SV、GOOSE、MMS 三网合一共口输出功能。

（3）就地化变压器保护以及母线保护采用一个或多个完全相同的子机分布式构成，子机之间采用千兆光纤双向双环网通信。分布式保护采用无主模式，各子机完成对应模拟量、开关量采集，通过环网通信进行信息交互；每个子机都能独自完成全部保护功能，且各个子机下装相同的定值、相同的 GOOSE 配置。

（4）就地化保护要求装置接口采用专用电连接器和专用光纤连接器形式，通过预制电缆与预制光缆实现对外连接。各个厂家装置硬件接口应统一定义，包含电源端子、保护开入开出量、模拟量采集等。同时，各个厂家相同类型的保护装置定值应统一，继电保护信息输出内容应统一，实现信息描述标准化。

（5）就地化保护一般有四个或五个接口端子（母线保护五个）：第一个端子为电源以及保护开入量接口；第二个端子为保护输出接口；第三个端子为 16 个光纤输出接口，包含 MMS 网、保护专网、差动保护专用通道以及调试口等；第四个以及第五个端子为模拟量采样开入接口。

四、就地化线路保护方案

（1）采用单端预制的标准电连接器完成电缆直采直跳。

（2）采用单端预制的标准光连接器通过保护专网（SV、GOOSE 和 MMS 共口输出）与其他设备交互信号。

（3）双通道时，纵联通道采用两个不同路由的通道，通过单端预制的标准光连接器完成通信。

（4）按间隔在就地控制柜中配置操作继电器组，完成对本间隔断路器的跳合闸控制功能。

（5）跳合闸出口硬压板设置在本间隔就地控制柜内。

就地化线路保护结构如图 5-1 所示。

五、智能管理单元方案

智能管理单元作为全站就地化保护装置的人机接口，支持不同厂家之间的互联互通，全景展示实时采样值、告警信息、参数定值和软压板状态，可

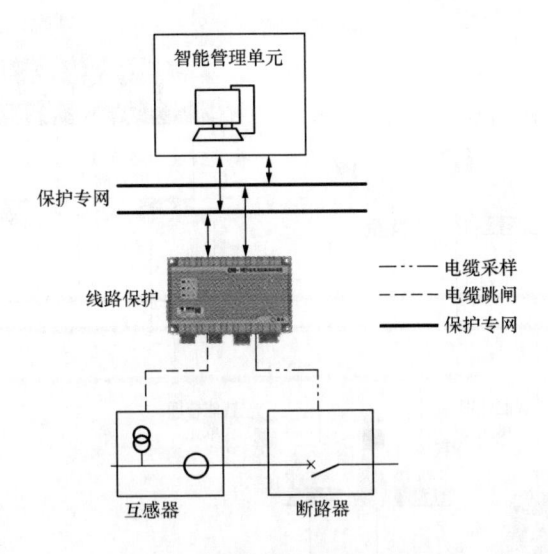

图 5-1 就地化线路保护结构图

完成参数设置、定值整定和软压板投退等操作,同时对 SCD 中其他信息修改可能对保护造成的影响起到隔离作用,实现全站保护装置的全寿命周期管理。

智能管理单元与保护专网连接,获取保护数据,同时连接站控层 MMS 网,将保护数据传送给其他站控层设备。

智能管理单元的技术原则:

(1) 部署在安全Ⅰ区;
(2) 硬件检测标准参考自动化系统监控后台的标准;
(3) 软件采用安全的操作系统;
(4) 按电压等级双重化配置;
(5) 支持 SNTP 对时;
(6) 对自身信息进行建模,并将模型加入 SCD;
(7) 对站内各就地化保护设备进行集中界面显示;
(8) 实现对就地化保护设备的配置管理和备份管理;
(9) 与不同厂家的设备之间使用相同通信协议,与各厂家设备间具备良好的兼容性。

智能管理单元网络结构,如图 5-2 所示。

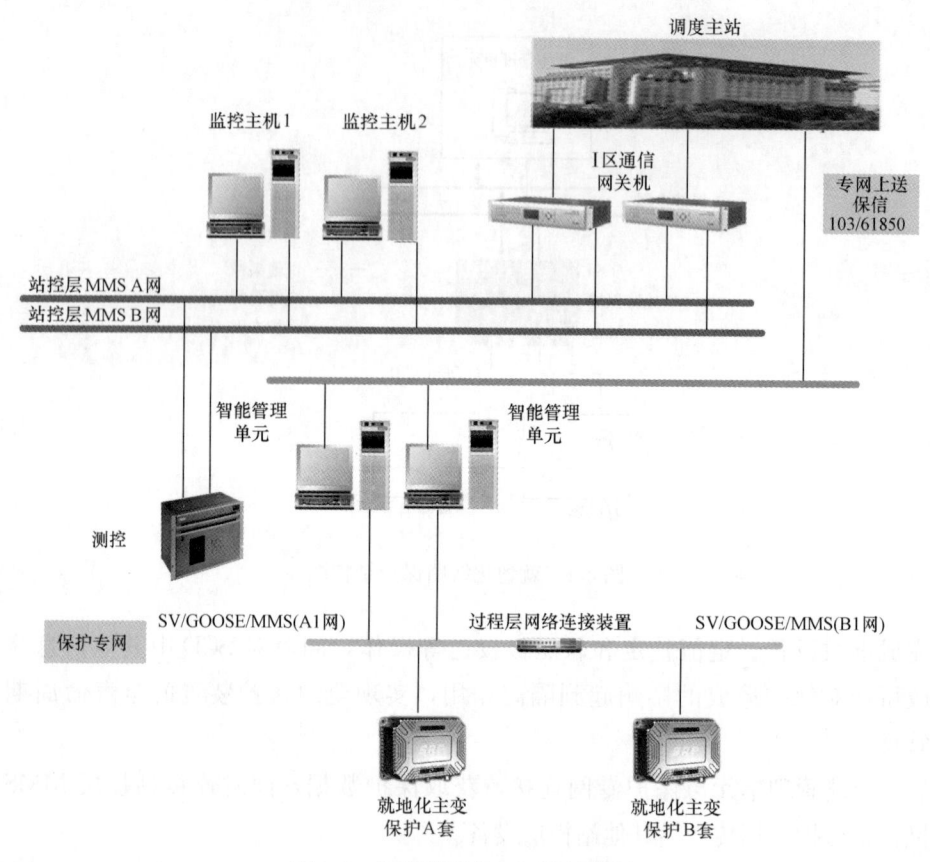

图 5-2　智能管理单元网络结构图

思考与练习

（1）简述就地化保护的特点。

（2）就地化保护智能管理单元与监控机有什么区别？

第二节　就地化保护配置方法

一、就地化智能管理单元配置流程（以南瑞继保产品为例）

1. SCD 文件配置（配置工具为南瑞继保 PCS-Station）

（1）首先收集站内就地化保护装置 CID 模型，在智能管理单元后台启动 sophic 进程，然后终端窗口输入 PCS-station 命令即可打开配置窗口。

第五章 就地化保护

（2）进入配置前需要先设置 SCD 解析模型的方式，单击配置图标，在工程选项中勾选解析 MGR 逻辑设备。

（3）单击主窗口功能栏 SCL 配置功能按钮（见图 5-3），即可打开 PCS-SCD 配置窗口。PCS-SCD 对于 SCL 对象的操作可参考 PCS-SCD 工具的使用说明，新增装置或者更新模型都在此处进行配置。

图 5-3 配置窗口按钮

PCS-SCD 配置窗口使用配置办法同传统 SCD 工具一样。GOOSE 虚端子连线按照设计院提供的虚端子表进行，配置导出以及下载参考一般智能变电站。

（4）装置模型命名。装置模型"IED name"采用 6 层结构命名：IED 类型、归属设备类型、电压等级、归属设备编号、间隔内同类装置序号、子机序号，共 10 个字符，见表 5-1。

表 5-1 装置模型命名表

第1字符	第2字符	第3字符	第4字符	第5字符	第6字符	第7字符	第8字符	第9、10字符
IED 类型	归属设备类型	电压等级			归属设备编号		IED 编号	子机序号
A_（辅助装置/auxiliary）	A（避雷器）	00（公用）			同线路编号规则		A（第一套）	0
B_（保信子站/faultinformation）	B（断路器）	04（380V）			500kV 等级为对应开关编号后两位如31，表示第三串第一个开关		B（第二套）	0

111

续表

第1字符	第2字符	第3字符	第4字符	第5字符	第6字符	第7字符	第8字符	第9、10字符
C_（测控装置/control）		C（电容器）		10（10kV）	同线路编号规则		C（第三套）	0
CM（在线状态监测/condition monitoring）		D		66（66kV）			D（第四套）	0
D_（测距/distance）		E		35（35kV）			X（单套）	0
EM（电能表/energy meter）		F		11（110kV）				0
F_（低频减载/underfrequency）		G（接地变）		22（220kV）	同线路编号规则			0
FI（保信子站/faultinformation）		H		33（330kV）				0
I_（智能终端/intelligent terminal）		I		50（500kV）				0
IB（本体智能终端/transformer body）		J（母联）		75（750kV）	01为母联一，02为母联二			0
NI（非电气量和智能终端合一/NQ-IT）		K（母分）		1k（1000kV）	同母联编号规则			0
IP（交直流一体化电源 integrated power）		L（线路）			500kV等级主变、线路、高抗间隔为对应边开关编号后两位如31，表示该线路所对应的边开关为5031；220kV及以下等级按照间隔顺序如01、02			0

第五章 就地化保护

续表

第1字符	第2字符	第3字符	第4字符	第5字符	第6字符	第7字符	第8字符	第9、10字符
L_（过负荷联切/over load）		M（母线）			母线—01为一母，02为二母，12为Ⅰ/Ⅱ母			1~n，n为子机数量
M_（组合式合并单元/merging）		N						0
MC（电流合并单元/current）		O						0
MV（电压合并单元/voltage）		P						0
MN（中性点合并单元/neutral）		Q						0
MG（间隙合并单元/gap）		R						0
MB（本体合并单元/transformer body）		S（站用变）			同线路编号规则			0
MI（合并单元和智能终端合一/MU-IT）		T（主变）			同线路编号规则			同母线编号规则
P_（保护/protect）		U						0
PN（非电气量保护/non-electrical quantities）		V（虚拟间隔）						0
PV（电压保护/voltage）		W						0
PS（短引线保护/short-lead）		X（电抗器）			同线路编号规则			0

注 第9、10位字符，作为元件保护子机序号。线路保护不存在子机，第10字符编码为0。第9、10字符编码示例见表5-2。

表 5-2　　　　　　　　　　第 9、10 字符编码示例

就地化保护		IED name
线路保护		P_L1105A_0
元件保护	虚拟元件保护	P_M1105A_0
	子机 1	P_M1105A_1
	子机 2	P_M1105A_2
	子机 3	P_M1105A_3
	子机 4	P_M1105A_4

2. 完善 SCD 配置

(1) 虚拟元件保护的制作。对于智能管理单元只有子机序号为 0 的装置才参与对上通信，所以要求分布式元件保护还得配置一个虚拟保护来对上通信。例如，一个有 4 台子机的母线保护，各个子机的 ICD 是完全相同的，复制做完"P_M2201A_1/2/3/4"后，再复制一个虚拟母线元件保护"P_M2201A_0"，这台虚拟保护配置到 MMS 网里时 IP 地址是无效的，填写一个不冲突的 IP 即可，可以填写一个不是子机 IP 网段的地址。

注意：元件保护的 IED name，必须按照子机功能严格对应，管理单元物理库根据 IED name 最后一位去关联子机软压板（子机参数），特别是主变保护容易配置错 IED name。

(2) 管理单元虚装置的制作。完成全站所有保护装置的配置后，还需要在 SCD 文件中导出就地化保护管理单元的 CID 模型，导出的 CID 文件名必须命名成 smu.cid，否则会在二次修改或更新时，所导出的就地化保护管理单元模型不准确。SMU 模型导出后，再在 SCD 中新建 SMU 装置，导入 smu.cid 模型，该装置 IP 设置为就地化保护管理单元的 IP，统一设置为本机 IP：127.0.0.1。

SCD 全部配置完成后，装置构成应该如图 5-4 所示。

3. SCD 发布准备

(1) SCD 文件配置好后，保存然后直接关闭 SCD 配置界面，回到 PCS-Station 主界面。此时在二次编辑界面里能够看到在 SCD 中编辑的装置信息，接下来便可进行下一步配置。

图 5-4 SCD 配置示例

（2）在发布前需要对装置报告控制块进行设置，主要目的是为了取消保护遥测变化上送，需要先在 PCS-Station 里面进行整体设置，再到 pcsdbdef 数据库中对具体的控制块进行设置。

按照图 5-5 和图 5-6 进行设置，点击确定后应用于所有装置。SCD 发布后，进入 pcsdbdef 数据库，单击装置 IEC61850 模型，选择 MGR-LLN0 报告

图 5-5 设置窗口 1

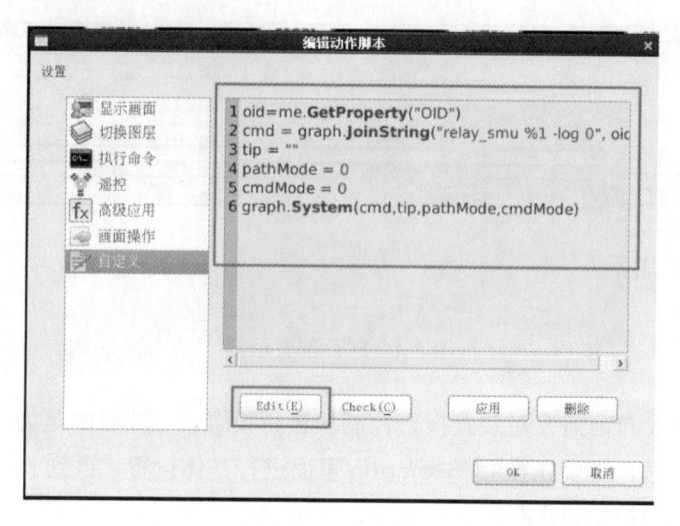

图 5-6　设置窗口 2

控制块所属的以 urcbMgrRelayAin 开头的模块，将触发条件中的"数据发生变化""品质发生变化"取消勾选。所有装置均需操作一遍。

4. PCS-Station 发布

发布步骤为：

（1）保存，即保存 PCS-Station 项目工程；

（2）发布到 PCS9700，即将工程发布到 PCS9700 逻辑库中；

（3）发布到 PCS9700 物理库，需要打开 pcsdbdef 数据库，ctrl＋S 或者单击发布到物理库图标，如图 5-7 所示。

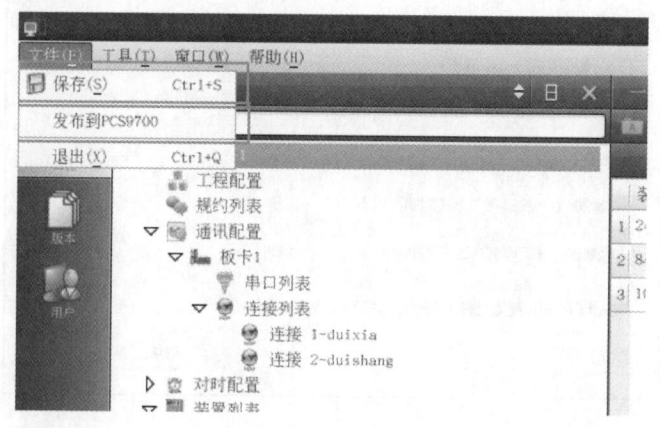

图 5-7　发布到 PCS9700

5. 管理单元数据库组态

管理单元装置 SMU，装置类型选为"就地化保护管理单元"；虚拟元件保护，装置类型选为"虚拟元件保护"，装置相关联选择它的多台子机；元件保护子机，装置详细类型为"母差保护装置"或者"变压器保护装置"。

注意南瑞继保以外厂家的通信方案里录波文件路径，用客户端工具找到对应的目录填写；管理单元增加装置检修判断条件，以达到装置检修状态下仍能遥控的目的，需在各子机装置检修判断条件下关联子机的装置检修软压板信号。

6. 管理单元画面维护

管理单元只需要做主接线图和间隔分图，主接线图和间隔分图也仅需要画出一次设备，同原来保护管理机配置的后台显示类似，位置信号等都可以不关联信号。对于双母接线，为了直观查看各支路运行情况，用户可能要去关联各支路隔离开关位置，此时可以通过母线保护采集的隔离开关位置输入来关联各支路的位置信号。

管理单元开机自动进入变电站主接线图，二级界面为间隔分图，在主接线图和间隔分图上都根据保护配置原则在一次设备位置叠加就地化保护图元。当装置处于运行、异常、检修、闭锁、跳闸五种运行状态时，分别以绿色、黄色、蓝色、橙色、红色显示。通过单击保护图元进入管理单元界面。

五种运行态的关联数据见表 5-3，需要做五个颜色灯图元。

表 5-3　　　　　　　　　　就地化保护图元

装置运行状态	显示颜色	遥信描述
运行	绿色	运行
异常	黄色	异常
检修	蓝色	装置检修软压板
闭锁	橙色	非运行
跳闸	红色	动作

就地化保护图元要求一个灯显示五种颜色，自动关联运行、异常、闭锁、跳闸，将来只需要关联下检修软压板即可。闭锁信号需要在符号决策里取反。

保护图元在图元的"测点"-"状态量"下需要再来制作。画面中拖入图元后，在图元关联数据源为装置的OID。接着关闭"状态量前景"菜单，右键点击图元，编辑动作，在自定义内填入以下脚本：

oid＝me.GetProperty（"OID"）
cmd＝graph.JoinString（" relay_smu %1 －log 0", oid)
tip＝" "
pathMode＝0
cmdMode＝0
graph.System（cmd，tip，pathMode，cmdMode)

保护图元设置界面如图5-8所示。

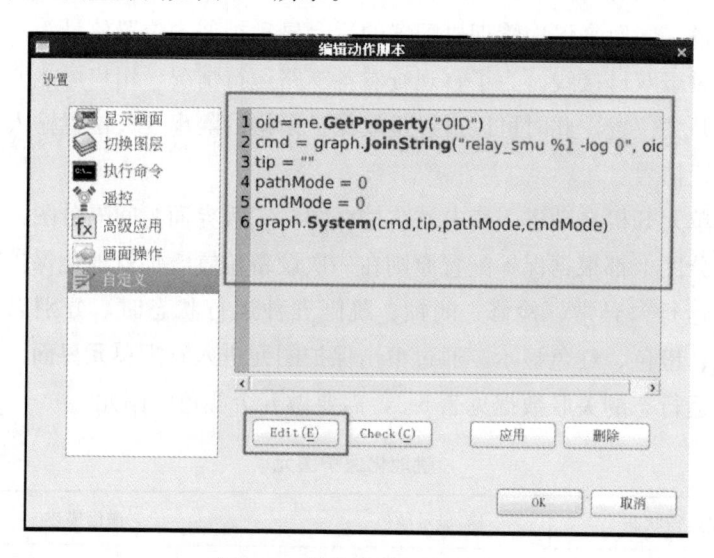

图5-8 保护图元动作设置

绘制好画面，并且与装置通信正常后，在运行画面单击保护图元，进入对应的保护管理单元配置界面。如图5-9所示，先在装置设定—通信参数—管理单元IP1/2/3/4中任意一处填入该管理单元对下通信的IP，这样才能够有权限修改定值。

二、就地化保护配置注意事项

（1）就地化保护装置调试口默认IP地址为100.100.100.100。
（2）专业人员可通过点击每个装置的保护图元，进入该装置的保护管理窗

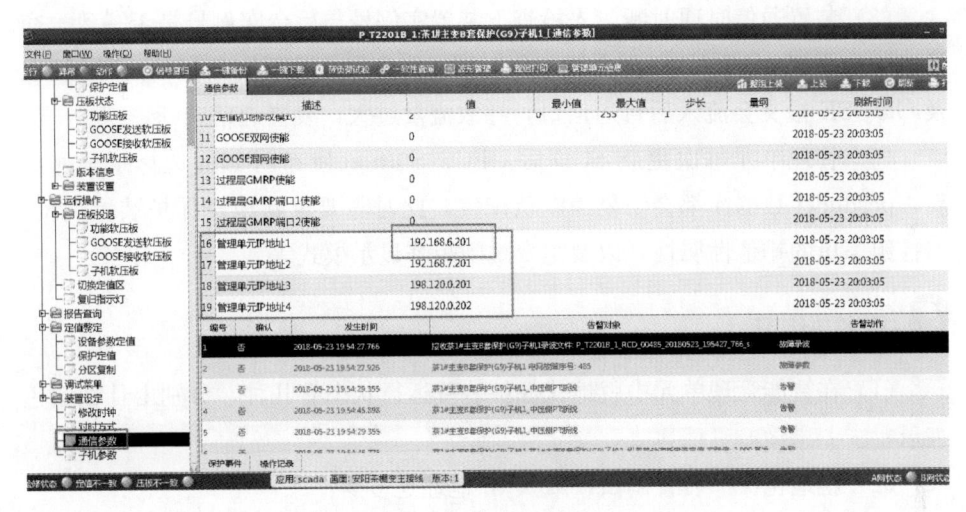

图 5-9 设置 IP 地址

口。专业人员对装置的所有操控都必须通过保护管理窗口来实现。后台主画面以及间隔分图，只能查看全站装置运行状况等相关信息，不能进行任何遥控（画面上遥控不能同步子机）。

（3）管理单元界面为每个装置设置"远方/就地"把手。当该把手状态为"远方"时才允许管理单元对上的客户端通过管理单元对下面就地化保护操作，即运行调度侧操作。把手状态打在"就地"时，只能在本地管理单元上对下面的保护装置进行操作。

（4）智能单元组态：必须要注意 PCS-Station 以及 pcsdbef 组态的站名要保持一致，画面属性的站名更要与组态保持一致。异常现象：分布式保护子机间修改定值不能同步，画面关联不对等。

（5）智能单元保护管理界面定值里面，整组上装与上装的区别：整组上装是上装整个分布式保护所有子机的定值，上装为仅上装本子机的定值。

（6）主变保护环网口断链指的是硬件断链，与装置4个环网口是一一对应的。某侧子机断链是软件判断三侧子机之间的通信，一般一个环网断链，会引起两侧子机断链。

（7）分布式保护遥控时，子机不能同步，报其他子机选择失败或遥控失败。此时需要检查遥控组态里那个排他性属性，必须设置为对象唯一，不能是系统下唯一。

(8) 装置通信时通时断，先检查下装置实例号与后台实例号是否一致。交换机一定要划分 VLAN，因为就地化保护三网合一，若不划分 vlan，则 SV 以及 GOOSE 报文会流入后台通信口，导致流量过大，装置通信中断。

(9) 管理单元每次更新 SCD 后，PCS-Station 发布时如果选择了全部更新，pcsdbdef 数据库都会恢复为默认配置，此时需要重新检查保护装置类型、遥控组态里的排他性属性，以及主变跳闸矩阵显示模式等。

思考与练习

(1) 在智能管理单元中就地化保护装置运行状态有几种，分别由什么颜色表示？

(2) 就地化保护装置调试口默认 IP 地址是多少？

(3) 就地化保护装置在管理单元界面中"远方/就地"把手的意义是什么？

第三节　就地化保护现场安全措施

一、现场安全措施实施原则

(1) 就地化继电保护装置更换式检修现场作业时，应隔离采样、跳闸（包括远跳）、合闸、启失灵、联闭锁等与运行设备相关的联系，并保证安全措施不影响运行设备的正常运行。

(2) 单套配置的保护装置更换式检修现场作业时，需停役相关一次设备。双重化配置的保护装置，仅单套设备更换式检修现场作业时，可不停役一次设备，但应防止一次设备无保护运行。

(3) 就地化继电保护装置采用三网合一模式，断开装置光缆连接器及预制光缆时会切断装置 GOOSE 网络、MMS 网络和 SV 网络，可能导致试验功能不完整，且多次插拔光纤可能导致装置光缆连接器及预制光缆使用寿命缩减。检修作业宜采用"先隔离订阅端，后隔离发送端"的原则以隔离虚回路连接关系，不宜采用断开光缆连接器及预制光缆的方式实现安全隔离；对于无法通过投（退）压板实现检修装置完全隔离的情况，则可采用光缆连接器及预制光缆的方式实现安全隔离。

(4) 对于就地化继电保护装置 SV 发送部分，无法通过退出检修装置发送软压板实现隔离，应通过投入检修装置检修软压板，退出订阅该检修装置 SV 数据的相关装置接收软压板或退役订阅该装置 SV 报文的相关受影响智能设备来实现安全隔离，且不得影响其他装置的正常运行。

（5）就地化继电保护虚回路安全隔离应至少采取双重安全措施，如退出相关运行装置中对应的接收软压板，退出检修装置对应的发送软压板，投入检修装置检修软压板。

（6）就地化继电保护装置在断开专用连接器之前，应确认其他安全措施已做好，断开连接器后，需要将专用连接器两侧接口处防尘盖扣紧。

（7）就地化继电保护装置检修作业，应编制经技术负责人审批的就地化继电保护装置检修工作安全措施票。

二、现场操作注意事项

（1）就地化继电保护装置故障或运行异常时，运维人员应及时检查现场情况，判断影响范围，根据现场需要采取变更运行方式、停役相关一次设备、投退相关继电保护等措施。

（2）就地化继电保护装置检修时，订阅该装置 SV 报文的相关智能设备应采取相应的安全措施。当一次设备停役时，可退出订阅该装置 SV 报文的相关智能设备对应的 SV 接收压板；当一次设备不停役时，应退役订阅该装置 SV 报文的相关受影响智能设备。

（3）装置检修软压板操作原则：

1）操作保护装置检修软压板前，应确认保护装置处于信号状态，且与相关智能设备相关联的 SV、GOOSE 接收软压板（如启失灵开入软压板等）已退出。

2）操作保护装置检修软压板后，应通过智能管理单元查看装置信号指示灯、告警报文及开入变位等情况，同时核查与之相关联运行装置是否出现非预期信号，确认正常后方可执行后续操作。

（4）双重化配置的就地化继电保护，单一装置运行异常时，现场应急处置方式可参照以下执行：采取相应安全措施后，可重启装置一次。装置重启后，若异常消失，将装置恢复到正常运行状态；若异常未消失，应保持该装置重启时状态，并申请停役相关二次设备，必要时申请停役一次设备。对于多子机配置的就地化元件保护，单台子机装置异常，应在检修人员到达现场处理时，申请退出整套保护。

（5）一次设备不停电时，在就地化继电保护装置修改定值前，应退出相应继电保护装置出口压板；在就地化继电保护装置修改定值后并确认装置无异常后，应投入相应继电保护装置出口压板。

（6）一次设备停役时，若需退出就地化继电保护系统，宜按以下顺序进行操作：

1）退出该间隔保护装置出口硬压板；

2）退出相关运行保护装置中订阅该间隔的GOOSE接收软压板（如启动失灵等）；

3）影响其他装置的正常运行情况下，退出相关运行保护装置中订阅该间隔装置SV数据的相关装置接收软压板；

4）退出该间隔保护装置中跳闸、合闸、启失灵等GOOSE发送软压板；

5）投入该间隔保护装置检修软压板。

（7）一次设备复役时，就地化继电保护系统投入运行，宜按以下顺序进行操作：

1）退出该间隔保护装置检修软压板；

2）投入该间隔保护装置出口硬压板；

3）投入该间隔保护装置跳闸、重合闸、启失灵等GOOSE发送软压板；

4）投入相关运行保护装置中该间隔的GOOSE接收软压板（如失灵启动、间隔投入等）；

5）投入相关运行保护装置中该间隔SV软压板。

（8）对于待检修的就地化继电保护装置SV发送部分，一次设备停役时，应退出订阅该检修装置SV数据的相关装置（如站域保护）接收软压板；一次设备不停役时，应退出订阅该检修装置SV数据的相关装置（如站域保护）。

（9）对于子机数量大于2的多绕组或多分支变压器保护，某一绕组侧或某一分支停电检修且变压器不停电时，除退出检修绕组侧或检修分支子机的出口压板外，还应退出变压器保护中其他子机中对应检修绕组侧或检修分支的子机压板。

（10）拔出连接器后，应将连接器接口防尘盖扣紧，防止对连接器造成损伤，拆下的防尘盖应在清洁环境统一保存。插、拔连接器前，应先核对接口两侧的对应色带颜色一致，确认操作正确性。

（11）插、拔"电源＋开入"连接器前，先断开装置电源；插、拔"开出"连接器前，确认出口硬压板在退出状态；插、拔"通信"连接器时，应注意接口受力，防止纤芯折断；插、拔"交流电流＋交流电压"连接器前，应在相应就地化端子箱处短路电流回路、隔离电压回路。

三、典型安全措施

以 220kV 双母接线方式下线路间隔第一套保护为例，介绍就地化线路保护装置更换式检修典型安全措施示例。保护装置与其他设备网络连接如图 5-10 所示。

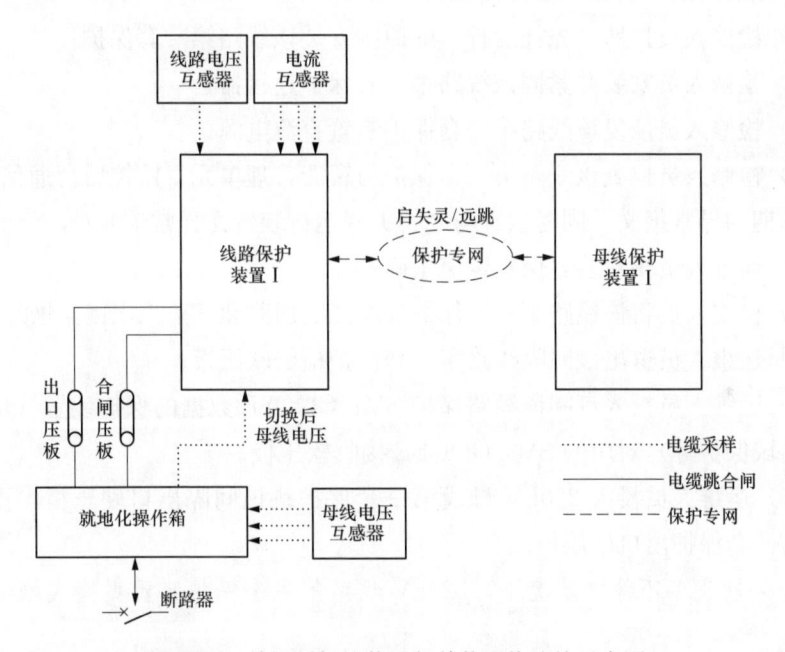

图 5-10 单间隔保护装置与其他网络连接示意图

1. 一次设备停电情况下，220kV 线路第一套保护装置更换式检修安全措施

（1）线路保护装置退出：

1）运维人员退出该线路第一套保护出口硬压板；

2）运维人员退出 220kV 母线第一套保护跳该间隔出口硬压板；

3）运维人员退出订阅该线路保护 SV、GOOSE 数据的保护装置（母线保护、站域保护等）对应的 SV、GOOSE 接收软压板；

4）运维人员投入该间隔线路第一套保护检修压板；

5）检修人员将该间隔线路第一套保护TA二次回路短接并断开、TV二次回路断开；

6）运维人员断开该间隔线路第一套保护装置直流电源；

7）检修人员断开该线路第一套保护连接器，并将接口两侧连接器防尘盖扣紧。

（2）线路保护装置安装：

1）装置安装前，检修人员检查更换式检修中心出具的报告和压板确认单，并确认该线路第一套保护检修压板已投入；

2）检修人员按照"先挂后拧"的原则安装该线路第一套保护；

3）检修人员安装并紧固该线路第一套保护连接器；

4）检修人员恢复该线路第一套保护装置直流电源；

5）检修人员检查该线路第一套保护与智能管理单元、监控后台通信正常，无非预期的异常报文，同时核查与之相关联运行装置无异常信号；

6）运维人员核对装置保护定值正确；

7）检修人员将该线路第一套保护TA二次回路和TV二次回路恢复正常；

8）运维人员退出该间隔线路第一套保护检修软压板；

9）运维人员投入订阅该线路保护SV、GOOSE数据的保护装置（母线保护、站域保护等）对应的SV、GOOSE接收软压板；

10）运维人员投入220kV母线第一套保护跳该间隔出口硬压板，投入该线路第一套保护出口硬压板。

2. 一次设备不停电情况下，220kV线路第一套保护装置更换式检修安全措施

（1）线路保护装置退出：

1）运维人员退出该线路第一套保护出口硬压板；

2）运维人员退出订阅该线路第一套保护SV数据的装置（站域保护等）；

3）运维人员退出订阅该线路第一套保护GOOSE数据的保护装置对应的GOOSE接收软压板（母线保护等）；

4）运维人员退出该线路两侧第一套纵联保护；

5）运维人员投入该保护检修压板；

6）检修人员将该间隔线路保护TA二次回路短接，断开TV回路断开；

7) 检修人员断开该间隔线路第一套保护装置直流电源；

8) 检修人员断开该保护连接器，并将接口两侧连接器防尘盖扣紧。

(2) 线路保护装置安装：

1) 装置安装前，检修人员检查更换式检修中心出具的报告和压板确认单，并确认该线路第一套保护检修压板已投入；

2) 检修人员按照"先挂后拧"的原则安装该线路第一套保护；

3) 检修人员安装并紧固该线路第一套保护连接器；

4) 检修人员恢复该线路第一套保护装置直流电源；

5) 检修人员检查该线路第一套保护与智能管理单元、监控后台通信正常，无非预期的异常报文，同时核查与之相关联运行装置无异常信号；

6) 运维人员核对装置保护定值正确；

7) 检修人员将该线路第一套保护 TA 二次回路和 TV 二次回路恢复正常；

8) 运维人员退出该间隔线路第一套保护检修软压板；

9) 运维人员投入该线路两侧第一套纵联保护；

10) 运维人员投入订阅该线路保护 GOOSE 数据的保护装置（母线保护等）对应的 GOOSE 接收软压板；

11) 运维人员投入订阅该线路保护 SV 数据的保护装置（站域保护等）；

12) 运维人员投入该线路第一套保护出口硬压板。

第四节　就地化保护异常处理

就地化保护异常处理的实施原则：

(1) 实施就地化继电保护异常处理的运维、检修人员应了解就地化继电保护的整体构架和运行特点，熟练掌握本部分内容，并具有相应的异常处理能力。

(2) 变电站运维、检修人员对就地化继电保护进行巡视、巡检，在此过程中发现的异常或缺陷，应参照本部分进行针对性处理，处理过程中应做好相应安全措施，防止安全事故的发生。

(3) 就地化继电保护异常处理时，运维检修人员应配备必要的仪器仪表及测试工具。

(4) 异常处理结束后，应按照《国家电网公司继电保护和安全自动装置缺陷管理办法》进行记录归档。

就地化保护相关装置、设备的异常及处理措施可扫描二维码获取。

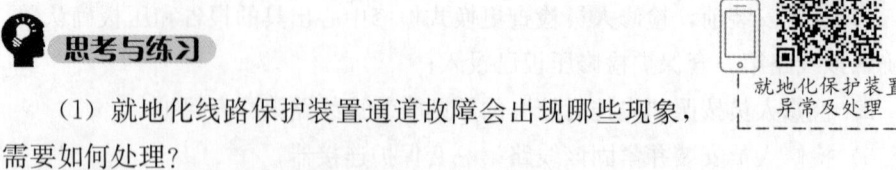

思考与练习

（1）就地化线路保护装置通道故障会出现哪些现象，需要如何处理？

（2）交换机与就地化继电保护装置连接的光纤接口灯熄灭会有哪些影响，需要如何处理？

（3）监控系统与智能管理单元通信中断会出现哪些现象，需要如何处理？

第六章

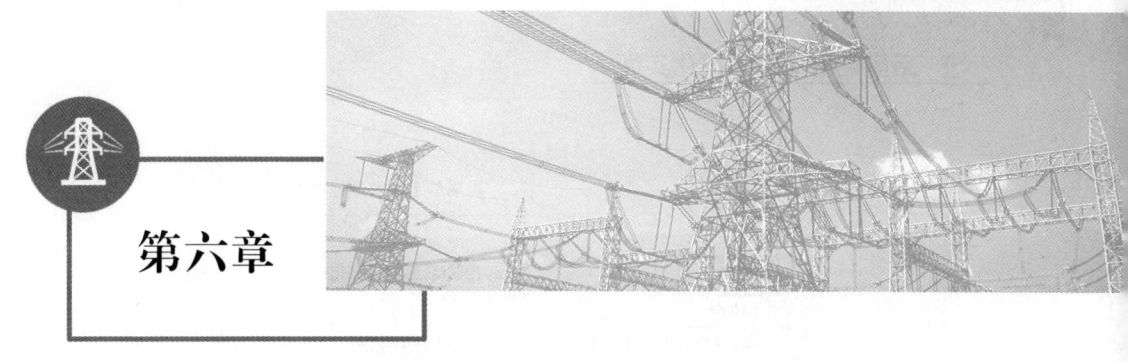

智能站配置文件

【概述】 本章主要介绍智能变电站配置文件的基本知识以及如何利用 PCS-SCD 软件进行 SCD 制作和查错等内容，包括基础知识、配置工具介绍及 SCD 配置流程、标准信息流介绍、典型案例（改、扩建）和 SCD 常见问题汇总及排故思路等。通过本书的学习，可掌握 SCD 文件结构、智能电子设备的模型结构、智能站基本信息流以及 PCS-SCD 软件的使用方法。

第一节 基础知识

一、IED 建模概述

对智能变电站 SCD 文件进行配置，首先需要了解智能变电站的建模方法。智能变电站建模的基本信息模型有服务器（SERVER）、逻辑设备（LD）、逻辑节点（LN）、数据（DATA）。IED 设备应包含 Server 对象，Server 对象中至少包含一个 LD 对象，每个 LD 对象中至少包含 3 个 LN 对象，即 LLN0（管理逻辑节点）、LPHD（物理设备逻辑节点）及其他逻辑节点。Server 代表设备的外部可视性能；LD 包含一组特定功能，如控制；LN 是一种特定应用功能，如开关控制；DATA 代表一个信息，如断路器位置。智能变电站 IED 模型是依据面向对象的思想构建而成，其模型展开后呈树形结构，如图 6-1 所示。下面分别介绍服务器、逻辑设备、逻辑节点、数据的建模原则。

二、服务器（Server）的建模原则

服务器描述了一种设备外部可见（可访问）的行为，每个服务器至少应有

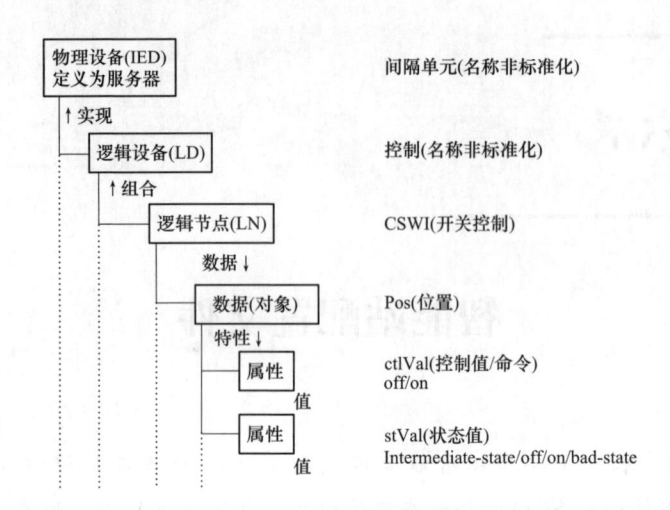

```
物理设备(IED)                间隔单元(名称非标准化)
定义为服务器
    ↑实现
    逻辑设备(LD)             控制(名称非标准化)
        ↑组合
        逻辑节点(LN)          CSWI(开关控制)
            数据↓
            数据(对象)        Pos(位置)
            特性↓
                属性          ctlVal(控制值/命令)
                    值        off/on
                属性          stVal(状态值)
                    值        Intermediate-state/off/on/bad-state
```

图 6-1 智能变电站基本信息模型

一个访问点（Access Point）。访问点体现通信服务，与具体物理网络无关。一个访问点可以支持多个物理网口。无论物理网口是否合一，过程层 GOOSE 服务与 SV 服务应分访问点建模，站控层 MMS 服务与 GOOSE 服务（联闭锁）应统一访问点建模。

支持过程层的间隔层设备，对上与站控层设备通信，对下与过程层设备通信，应采用 3 个不同访问点分别与站控层、过程层 GOOSE、过程层 SV 进行通信。所有访问点，应在同一个 ICD 文件中体现。

三、逻辑设备（LD）的建模原则

逻辑设备建模原则，应把某些具有公用特性的逻辑节点（LN）组合成一个逻辑设备。LD 不宜划分过多，保护功能宜使用一个 LD 来表示。SGCB 控制的数据对象不应跨 LD，数据集包含的数据对象不应跨 LD。每个 LD 对象中至少包含 3 个 LN 对象，即 LLN0、LPHD 及其他应用逻辑节点。

四、逻辑节点（LN）的建模原则

需要通信的每个最小功能单元建模为一个 LN 对象，属于同一功能对象的数据和数据属性应放在同一个 LN 对象中。LN 的数据对象统一扩充。

LN 实例化建模要求是：

（1）分相断路器和互感器建模应分相建不同的实例，如分相断路器 LN：Q0XCBRA、Q0XCBRB、Q0XCBRC，断路器逻辑节点为 XCBR，通过加前缀（Q0 代表第一个断路器）和后缀（A、B、C 分别代表不同相别）来区别不同断路器的不同相别。

（2）逻辑节点名称中 P 代表保护功能逻辑节点。差动保护逻辑节点名是 PDIF，距离保护逻辑节点名是 PDIS，断路器失灵保护逻辑节点名是 RBRF，重合闸逻辑节点名是 RREC，保护跳闸条件逻辑节点名是 PTRC。同一种保护的不同段分别建不同实例，通过加后缀来区别不同的段数，如 PDIS1、PDIS2、PDIS3 分别代表距离保护Ⅰ、Ⅱ、Ⅲ段。

（3）同一种保护的不同测量方式分别建不同实例，一般也通过加后缀的方法来区别，如相过电流 PTOC1 和零序过电流 PTOC2，分相电流差动 PDIF1 和零序电流差动 PDIF2 等。

（4）涉及多个时限，动作定值相同，且有独立的保护动作信号的保护功能应按照面向对象的概念划分成多个相同类型的逻辑节点，动作定值只在第一个时限的实例中映射。

（5）保护跳闸条件逻辑节点 PTRC 应用于连接一个或多个保护功能的跳闸输出，形成一个传递给逻辑节点 XCBR 的公用"跳闸"信号。保护模型中对应要跳闸的每个断路器各使用一个 PTRC 实例。如母差保护按间隔建 PTRC 实例，变压器保护按每侧断路器建 PTRC 实例，3/2 接线线路保护则建 2 个 PTRC 实例。

（6）保护功能软压板宜在 LLN0 中统一加 Ena 后缀扩充。停用重合闸、母线功能软压板与硬压板采用或逻辑，其他均采用与逻辑。

（7）GOOSE 出口软压板应按跳闸、启动失灵、闭锁重合、合闸、远传等重要信号在 PTRC、RREC、PSCH 中统一加 Strp 后缀扩充出口软压板，从逻辑上隔离相应的信号输出。

（8）GOOSE、SV 接收软压板采用 GGIO.SPCSO 建模。

（9）站控层和过程层存在相关性的 LN 模型，应在两个访问点中重复出现，且两者的模型和状态应关联一致，如跳闸逻辑模型 PTRC、重合闸模型 RREC、控制模型 CSWI、联闭锁模型 CILO。

（10）常规交流测量使用 MMXU 实例，单相测量使用 MMXN 实例，不平衡测量使用 MSQI 实例。

(11) 标准已定义的报警使用模型中的信号，其他的统一在 GGIO 中扩充；告警信号用 GGIO 的 Alm 上送，普通遥信信号用 GGIO 的 Ind 上送。

(12) 保护定值应按面向 LN 对象分散放置，一些多个 LN 公用的启动定值和功能软压板放在 LN0 下。

五、保护的启动信号建模要求

启动信号 Str 应包含数据属性"故障方向"，若保护功能无故障方向信息，应填"unknown"；装置的总启动信号映射到逻辑节点 PTRC 的启动信号中；IEC 61850 标准要求每个保护逻辑节点均应有启动信号，装置实际没有的可填总启动信号，也可不填；对于归并的启动信号，如后备启动，可映射到每个后备保护逻辑节点的启动信号上送，也可放在 GGIO 中上送。

六、逻辑节点 PTRC 中 Str、Op、Tr 的区别

PTRC 中的 Str 为保护启动信号，Op 为保护动作信号，Tr 为经保护出口软压板后的跳闸出口信号。Str 属性类型是 ACD（方向保护动作信息，启动信号 Str 应包含数据属性"故障方向"，若保护功能无故障方向信息，应填"unknown"），Op 和 Tr 属性类型是 ACT（保护动作）。

七、母差保护中的失灵保护建模原则

母差保护应按照面向对象的原则为每个间隔相应逻辑节点建模，如母差保护内含失灵保护，母差保护每个间隔单独建 RBFR 实例，用于不同间隔的失灵保护。失灵保护逻辑节点中包含复压闭锁功能。

八、GOOSE 出口软压板建模原则

GOOSE 出口软压板应按跳闸、启动失灵、闭锁重合、合闸、远传等重要信号在 PTRC、RREC、PSCH 中统一加 Strp 后缀扩充出口软压板，从逻辑上隔离相应的信号输出。

九、功能约束（FC）的作用

功能约束可以看作是数据属性（Data Attribute）的过滤器，它表征 Data Attribute 的特定用途。

十、GOOSE 输出配置原则

GOOSE 输出数据集应支持 DA 方式。装置（除测控联闭锁用 GOOSE 信号外）应在 ICD 文件的 GOOSE 输出数据集中预先配置满足工程需要的 GOOSE 输出信号。为了避免误选含义相近的信号，进行 GOOSE 连线配置时应从保护装置 GOOSE 输出数据集中选取信号。输出数据集应支持在工程中系统配置时修改、删除或增加成员。

十一、GOOSE 输入的定义

GOOSE 输入采用虚端子模型。GOOSE 输入虚端子模型为包含"GOIN"关键字前缀的 GGIO 逻辑节点实例中定义的四类数据对象，即 DPCSO（双点输入）、SPCSO（单点输入）、ISCSO（整形输入）和 AnIn（浮点型输入），DO 的描述和 dU 可以明确描述该信号的含义，作为 GOOSE 连线的依据。装置 GOOSE 输入进行分组时，可采用不同 GGIO 实例号来区分。

十二、GOOSE 和 SV 报文中应用标识符（APPID）的标准范围

GOOSE 报文帧中应用标识符（APPID）的标准范围是 0000-3FFF；SV 报文帧中应用标识符（APPID）的标准范围是 4000-7FFF。

IEC 61850 模型中，功能 F、逻辑节点 LN、物理设备 PD、逻辑连接 LC、物理连接 PC 的关系如图 6-2 所示。

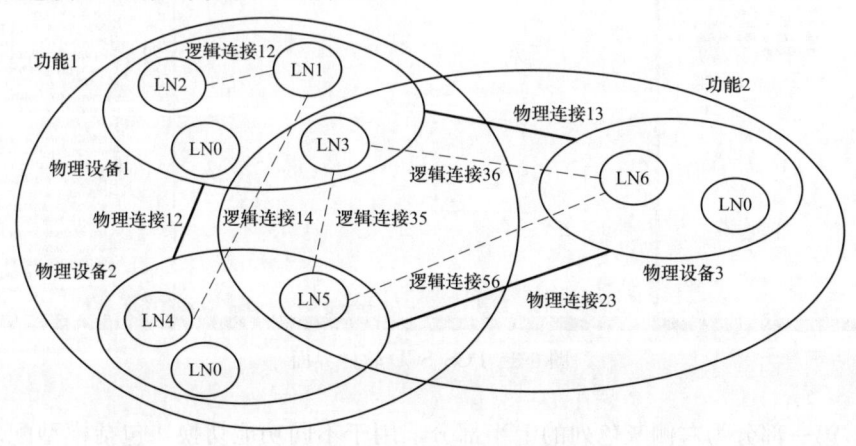

图 6-2 IEC 61850 模型对应关系

> **思考与练习**

(1) 简述 IED 模型文件树形结构。

(2) 一个逻辑设备应该包含哪些逻辑节点？

第二节　配置工具介绍及 SCD 配置流程

SCD 文件实质是一个 XML 语言编写的文本文件，可以使用 XML 文本编辑器进行编辑修改，但这种方法不直观，对于不太了解 SCD 文件结构的人员来讲难以操作，所以各个厂家都开发了自己的图形化界面的 SCD 配置工具。下面以南瑞继保公司的配置工具 PCS-SCD 为例，介绍 SCD 配置工具的使用方法。

一、熟悉 PCS-SCD 软件

双击 PCS-SCD 图标，进入软件界面如图 6-3 所示。可以将整个界面分为五部分。第一部分为功能切换区，第二部分为浏览器，第三部分为操作台或展示台，第四部分为 IED 筛选器，第五部分为 SCD 文件检查和文件导出区。

图 6-3　PCS-SCD 软件界面

第一部分为左侧灰色列的上半部分，用于不同功能切换，包括模型配置、插件配置、联锁配置、回路展示和业务浏览等。

第六章 智能站配置文件

进入软件之后显示的界面就是模型配置功能，在此界面下完成 SCD 文件的配置工作，例如 IED 文件导入、通信参数配置、数据集配置和虚端子连接等操作。

插件配置功能用于配置 IED 的背板的光口发送（和接收）数据集，配置完成后导出为 goose.txt 文件，称为背板配置文件，再下装到 IED 内。九统一之后各个厂家的背板配置文件统一集成在 CCD 文件中，故插件配置功能不再使用。

联锁配置功能用于间隔层联锁配置。

回路展示功能即虚端子可视化，可以在此界面图形化展示各 IED 的虚回路连接情况，如图 6-4 所示。

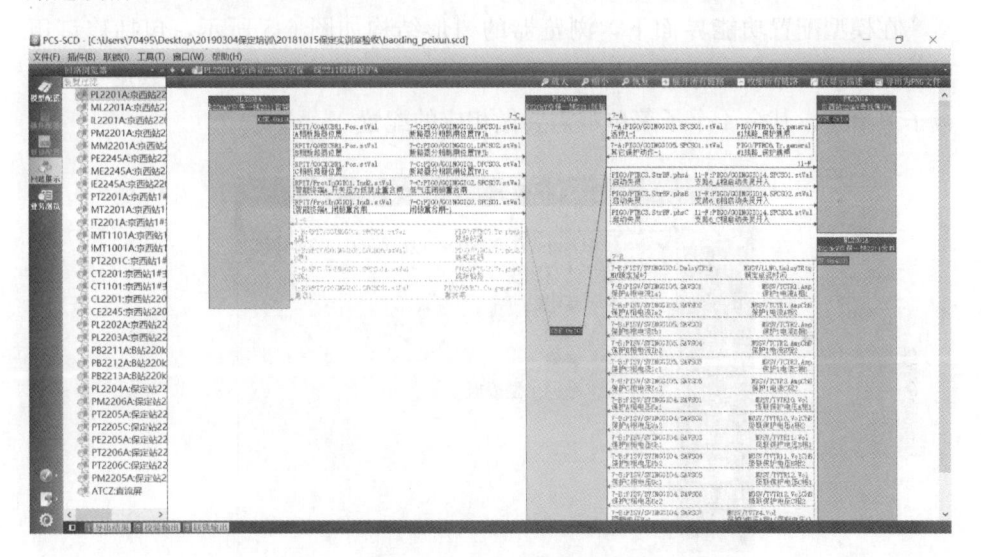

图 6-4 回路展示功能

业务浏览功能用于查看 IED 向站控层提供的数据，包括保护业务、自动化业务、计量业务、在线监测业务和公共业务等。注意只有保护、测控装置才有业务浏览功能，因为只有保护、测控装置才有站控层 S1 访问点。

第二部分为浏览器，在不同功能下有不同的名称。例如在模型配置功能下，称为 SCL 浏览器；在回路展示功能下，称为回路浏览器；在业务浏览功能下，称为业务浏览器。其实质就是一个 IED 选择器和过滤器，用于选定某个 IED 进行配置或展示。

第三部分为操作台或展示台，在不同功能下，用于数据集配置和虚端子连接(模型配置功能)、装置间虚回路连接图形化显示(回路展示功能)和装置可上送至站控层的数据浏览(业务浏览功能)。

第四部分为 IED 筛选器,只有在模型配置功能下才会显示该区域,在配置数据集时,用于挑选内部信号,在配置虚端子连接时,用于挑选内部信号和外部信号。

第五部分为 SCD 文件检查和文件导出区,可以对 SCD 文件进行语义校验和语法校验,还可以导出各种配置文件和中间文件,如虚端子连接表、ICD 文件和 CCD 文件等。

二、使用 PCS-SCD 软件

在模型配置功能界面下,浏览器的树形结构如图 6-5 所示,包括修订历史、变电站、通信、装置以及数据类型模板五个子菜单,其中除了数据类型模板子菜单外,其余 4 个子菜单都需要做相应的配置。

图 6-5 SCD 文件的树形结构

1. 新增修订历史和变电站记录

对于一个新工程,先新建一个空的 SCD 文件,选中树形结构中的"修订历史"子菜单,在右侧操作台点击鼠标右键,在弹出的菜单中选择"新建",或者直接单击右上角的"新建"图标,新建一条修订记录,如图 6-6 所示。版本从 1.0 开始,当文件增加了新的 IED 或某个 IED 模型实例升级时,以步长 0.1 向上累加;文件修订版本从 1.0 开始,当文件做了通信配置、参数或描述修改时,以步长 0.1 向上累加,文件版本增加时,文件修订版本清零。修改时间、修改人、修改内容以及修改原因等项根据实际情况填写即可。同样,选中树形结构中的"变电站"子菜单,按照上述操作添加一条记录。

图 6-6 添加一条修订记录

2. 添加通信子网

选中树形结构中的"通信"子菜单,在右侧操作台点击鼠标右键,在弹出的菜单中选择"新建",或者直接单击右上角的"新建"图标,新建的子网如图 6-7 所示。其中,"名称"项为子网的名称;"类型"项共有三个选项(8-MMS、IECGOOSE、SMV),对于站控层子网要选择 8-MMS 类型,过程层 GOOSE 子网需要选择 IECGOOSE 类型,过程层采样子网需要选择 SMV 类型;"描述"项用以对子网进行功能描述。

图 6-7 添加通信子网

3. 添加 IED

选中树形结构中的"装置"子菜单,在右侧操作台点击鼠标右键,在弹出的菜单中选择"新建",或者直接左键单击右上角的"新建"图标,将弹出"新建装置向导"对话框,进入如图 6-8 所示界面。其中装置名称要按照 IED 命名规范输入,第一个字母代表装置类型,第二个字母代表间隔类型,前两位(或前一位)数字代表电压等级,余下的数字代表对应电压等级下的间隔号,最后一位字母代表 A 套装置或 B 套装置。命名规范可参考表 6-1。

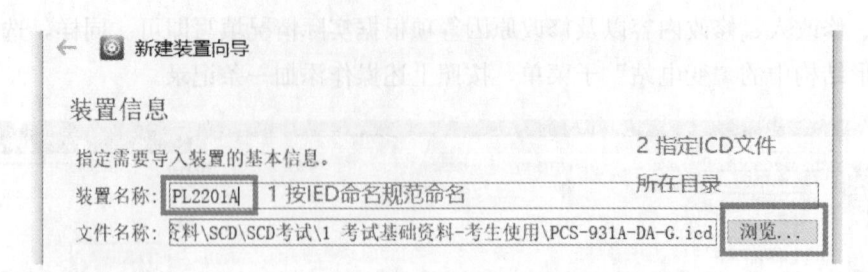

图 6-8 新建装置向导对话框

表 6-1　　　　　　　　　　IED 命名规范

位数	第一位字母	第二位字母	前一、二位数字	其余数字	最后一位字母
含义	装置类型	间隔类型	电压等级	间隔号	A、B 套
种类	P：保护 M：合并单元 I：智能终端 MI：合智一体 C：测控 PZT：备自投	L：线路 M：母线 T：主变 E：母联 F：分段	22：220kV 1：110kV 35：35kV 5：10kV	01：第一个间隔 02：第二个间隔	A：A 套装置 B：B 套装置

继续下一步，将显示 schema 的校验结果，一般情况显示"SCL 文件校验成功"，若出现警告，内容多为字符串超长的提示，在此可以忽略。

继续下一步，在更新通信信息窗口，选择模型中已存在的访问点属于哪个子网。一般的，站控层访问点 S1 属于 MMS 子网，过程层 GOOSE 访问点 G1 属于 IECGOOSE 子网，过程层 SMV 访问点 M1 属于 SMV 子网，如图 6-9 所示。保护、测控等装置包含 G1、S1、M1 三个访问点，合并单元包含 G1、M1 两个访问点，智能终端就只包含 G1 这一个访问点。需要特别指出的是，由于模型的问题，某些厂家的智能终端在更新通信（讯）信息窗口中不能添加 G1 访问点至相应的通信子网中，需要待智能终端导入后，在通信子网中手动添加访问点。

继续下一步，会提示"语法校验：通过"，数据类型模板冲突为 0，点击"完成"，一个线路保护装置模型文件就导入完毕。按照上述步骤依次添加线路合并单元和线路智能终端。添加成功后，在左侧树形结构的"装置"子菜单会显示出所有装置列表，注意在右侧操作台处修改装置描述，如图 6-10 所示。

第六章 智能站配置文件

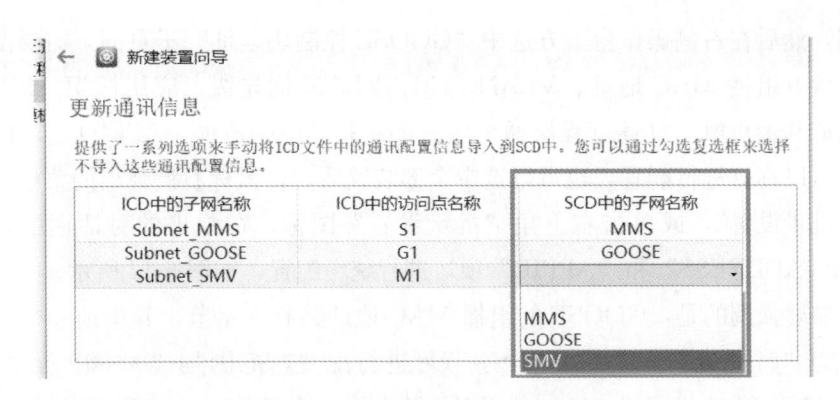

图 6-9 将访问点添加至对应子网

图 6-10 修改装置描述

4. 配置子网

（1）配置 MMS 子网。选中树形结构中的"通信"子菜单下的 MMS 子网，然后在右侧操作台下方选中"站控层地址"子页面，对各间隔层装置的 IP 地址和子网掩码进行配置。可以逐行进行配置，也可以选中全部装置后，在鼠标右键弹出的菜单中选择"批量设置"，或单击右上角"批量设置"图标，在弹出的对话框中勾选"IP-ADDRESS"和"IP-SUBNET"项，进行统一配置，如图 6-11 所示。

图 6-11 配置 MMS 子网

（2）配置 GOOSE 子网。选中树形结构中的"通信"子菜单下的 GOOSE

子网，然后在右侧操作台下方选中"GOOSE 控制块地址"子页面，需要配置的参数有组播 MAC 地址、VLAN 标识、VLAN 优先级、应用标识 APPID、最大值和最小值。对各过程层通信装置的组播 MAC 地址、APPID 进行配置时，可以逐行进行配置，也可以选中全部装置后，在鼠标右键弹出的菜单中选择"批量设置"，或单击右上角"批量设置"图标，在弹出的对话框中勾选"MAC-ADDRESS"和"APPID"项，进行统一配置，如图 6-12 所示。

需要强调的是，GOOSE 的组播 MAC 地址共有 6 字节，其中前 4 个字节固定为"01-0C-CD-01"，后两个字节可进行配置，范围是"00-00"至"01-FF"；APPID 的范围是 0000～3FFF；最小值要全站统一，工程默认值为 2，单位为 ms；最大值要全站统一，工程默认值为 5000，单位为 ms；VLAN 标识为 3 位 16 进制数，根据现场情况进行配置；VLAN 优先级的范围是 0～7。以上参数要严格按照规范进行配置，否则软件会提示错误，并以灰色斜体字样予以显示。

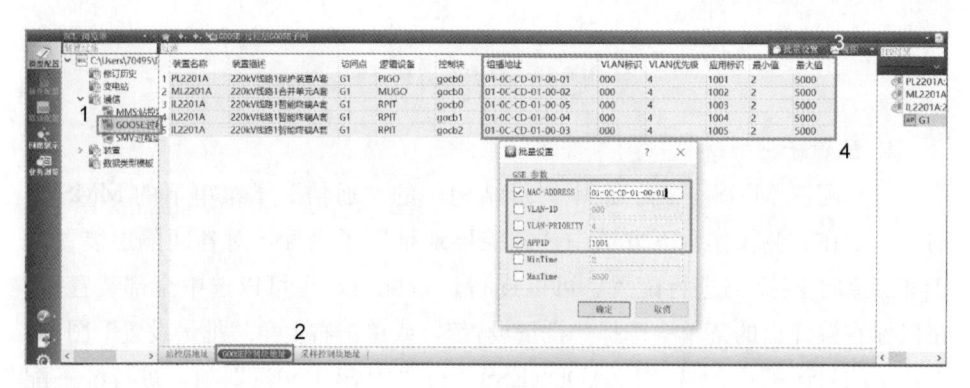

图 6-12 配置 GOOSE 子网

（3）配置 SMV 子网。选中树形结构中的"通信"子菜单下的 SMV 子网，然后在右侧操作台下方选中"SMV 控制块地址"子页面，需要配置的参数有组播 MAC 地址、VLAN 标识、VLAN 优先级和应用标识 APPID。对各过程层通信装置的组播 MAC 地址、APPID 进行配置时，可以逐行进行配置，也可以选中全部装置后，在鼠标右键弹出的菜单中选择"批量设置"，或单击右上角"批量设置"图标，在弹出的对话框中勾选"MAC-ADDRESS"和"APPID"项，进行统一配置，如图 6-13 所示。

需要强调的是，SMV 的组播 MAC 地址共有 6 字节，其中前 4 个字节固定为"01-0C-CD-04",后两个字节可进行配置,范围是"00-00"至"01-FF";APPID 的范围是 4000～7FFF;VLAN 标识为 3 位 16 进制数,根据现场情况进行配置;VLAN 优先级的范围是 0～7。以上参数要严格按照规范进行配置,否则软件会提示错误,并以灰色斜体字样予以显示。

图 6-13 配置 SMV 子网

5. 配置 GOOSE 连线

GOOSE 连线主要是用于完成开关量值的传输,包含信号采集、跳合闸命令以及保护装置之间失灵信号和闭锁信号的传输。GOOSE 传输又分为点对点方式和组网方式,两者的 GOOSE 连线无任何区别,仅在传输的物理介质连接方式上存在区别。推荐 GOOSE 连线宜采用 DA(数据属性)之间互联,因此在遵循这一规范的情况下,后续的 GOOSE 连线均采用连至 DA 一级的方式。另外,在配置 GOOSE 连线时,有几项连线原则:①对于接收方,必须先添加外部信号,再添加内部信号;②对于接收方,同一个内部信号不允许同时连接两个及以上的外部信号,但同一个外部信号可以同时连接两个及以上的内部信号,即 GOOSE 信号可以"一对多",不可以"多对一"。

在遵循上述原则的情况下,可以进行正常的 GOOSE 连线,连线过程中日志窗口会有详细记录,如连线有异常时,日志窗口会有相应的告警记录。

(1) GOOSE 外部信号。GOOSE 连线中的外部信号(外部虚端子),也就是除本装置外其他装置模型内数据集中的 FCDA。每一个 FCDA 就是一个外部信号,即一个外部虚端子。按图 6-14 序号所示的操作步骤进行:①在左侧"装置"子菜单中选择需要连接虚端子的装置,当装置较多时,可以在"装置过滤"窗口中输入关键字(如线路保护就输入 PL,不区分大小写)来准确定位。②选择中间操作台下方的"虚端子连接"子界面。③选择对应的 LD,对于保护装置，应选择 PIGO；对于合并单元，应选择 MUGO；对于智能终端，应选择 RPIT。④选择对应的 LN，所有装置都应该选择 LLN0。⑤从右侧 IED 筛选器中选中"外部信号"一项。⑥选择发送方装置，当装置较多时，也可在上方的"IED 过滤"窗口中输入关键字（如线路智能终端就输入 IL，不区分大小写）来准确定位并选择发送方装置。⑦选择发送方装置的 GOOSE 访问点 G1。⑧选择相应的发送数据集中的 FCDA 作为外部端子。⑨将其拖至中间窗口，顺序排放，也可一次性全部选中需要的外部端子，在右键弹出的菜单中选择"附加选中的信号"，即可一次性添加全部信号；在添加完内部信号后，再配置接收端口，选中需要配置接收端口的行，在右键弹出的菜单中选择"设置端口"，或者直接单击右上角"设置端口"图标，按照要求进行端口配置。

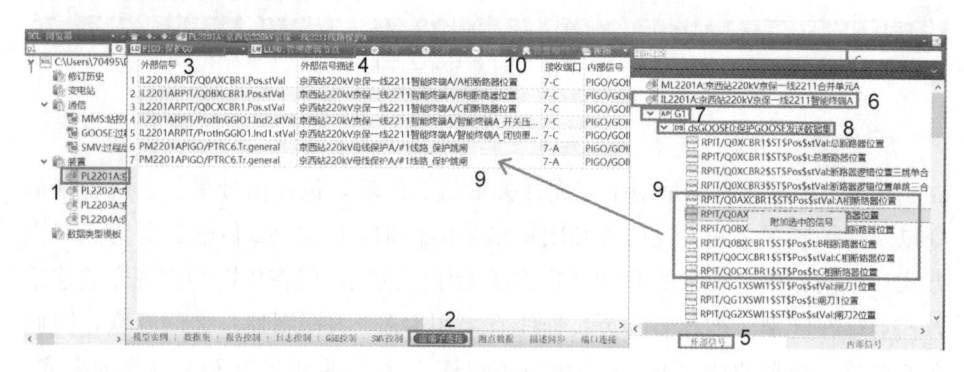

图 6-14 配置 GOOSE 外部信号

（2）GOOSE 内部信号。按照图 6-15 中序号所示顺序添加内部信号，鼠标拖拽，该内部信号放到第几行，由拖拽时对象所处的位置决定，需要将内部信号放在某行与所在行的外部信号连接，就将该对象拖至相应行的空白处，再松开鼠标左键，即完成一个 GOOSE 连线。同样地，也可一次性全部选中需要的内部端子，在右键弹出的菜单中选择"附加选中的信号"，即可一次性添加全部信号。注意外部信号应与内部信号的数据层次保持一致，即两者都是 DA，不可 DA 与 DO 混连，否则装置将无法启动。

在进行内部信号查找时，可以通过筛选条件来隐藏不需要的信息，以便快速定位内部信号。单击右侧"IED 过滤"下方灰色框右侧的下拉箭头，会显示出过滤条件，LN 过滤中输入"IN"，FC 过滤中输入"ST | MX"，DA 过滤中输入"STVAL"，不区分大小写，都是以关键字的形式进行视图过滤。图 6-16

为有无过滤条件时内部信号的比较。

图 6-15 配置 GOOSE 内部信号

图 6-16 过滤条件对比

6. 配置 SMV 连线

SMV 连线主要是用于完成采样值的传输，其中合并单元只发送采样值，保护、测控、安自等装置只接收采样值。采样值传输又分为点对点采样和组网采样，两者的 SMV 连线区别为点对点采样需要连接通道延时，而组网采样无须连接通道延时。

推荐 SMV 连接宜采用 DO（数据对象）之间连接，因此在遵循这一规范的情况下，后续的 SMV 连线均采用连至 DO 一级的方式。

（1）配置 SMV 外部信号。SMV 连接中的外部信号（外部虚端子），也就是间隔内合并单元 SMV 数据集中的 FCD，每一个 FCD 就是一个外部信号，即一个外部虚端子。

与配置 GOOSE 虚端子时类似，按图 6-17 序号所示，从右侧 IED 筛选器中选择间隔对应的合并单元装置，并选择该装置 SMV 访问点 M1 下发送数据集中的 FCD 作为外部虚端子，并将其拖至中间窗口，顺序排放。需要注意的是 LN 选择中，保护装置应该选择 PISV，合并单元应该选择 MUSV。

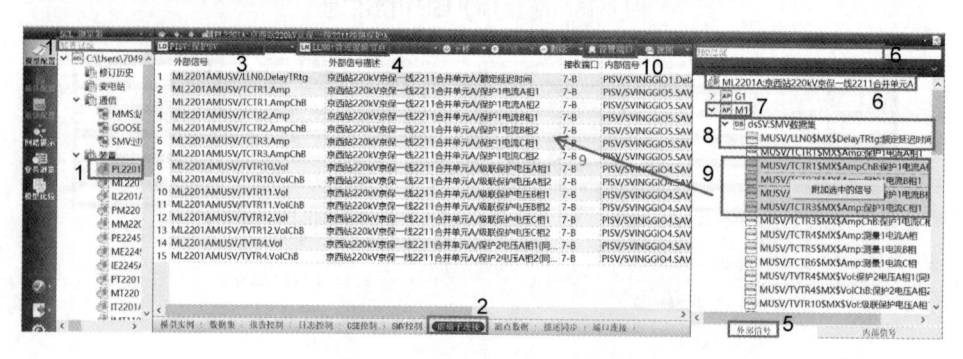

图 6-17 配置 SMV 外部信号

（2）配置 SMV 内部信号。添加内部信号，鼠标拖拽，该内部信号放到第几行，由拖拽时对象所处的位置决定，需要将内部信号放在某行与所在行的外部信号连接，就将该对象拖至相应行的空白处，再松开鼠标左键，即完成一个 SMV 连线，否则会产生错误的 SMV 连线。

如图 6-18 中序号所示顺序，找到本装置内与外部信号相对应的信号，并

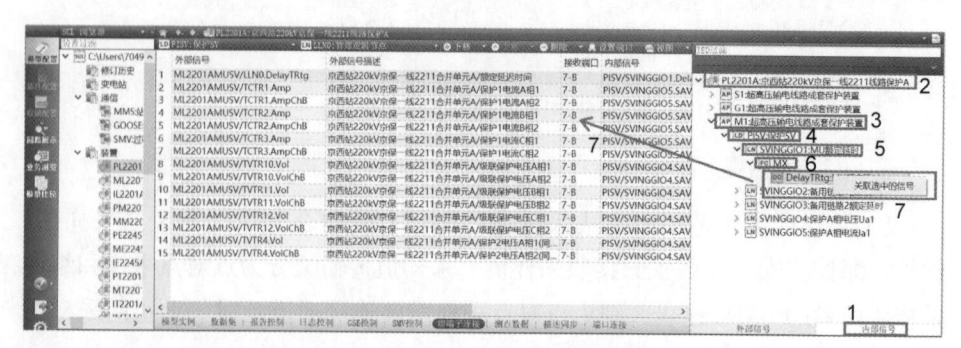

图 6-18 配置 SMV 内部信号

将其拖至 Inputs 窗口中，与外部信号一一对应。过滤条件与配置 GOOSE 虚端子时一样，都是以关键字的形式进行视图过滤。

7. SCD 配置检测

（1）Schema 校验。SCD 文件检查和文件导出区中的"Schema 校验"用于检测 SCD 文件的框架结构、字符长度等，校验常遇到的就是字符串超长，但多数情况可以忽略字符串超长的问题。

（2）语义校验。SCD 文件检查和文件导出区中的"语义校验"用于检测 SCD 文件内文件的语法及配置错误，可按照检测结果处理错误，如果 SCD 文件无错，所有装置检测应该是没有问题的。

第三节 标准信息流介绍

一、220kV 标准信息流

220kV 变电站一般为 SV 采样，GOOSE 跳闸，按照线路间隔、母线间隔、变压器间隔、分段和母联间隔分别介绍 SV 和 GOOSE 虚端子连接。

1. 220kV 线路间隔

220kV 线路间隔的标准信息流见表 6-2~表 6-4。

表 6-2　　　　　　　　　　线路合并单元虚端子表

NO	GOOSE 对应的 LD：PLGO/LLN0 External IED Name	External Data Description	Internal IED Name	Internal Data Description
1	L2201A	A 相断路器位置	PL2201A	断路器分相跳闸位置 TWJa
2		B 相断路器位置		断路器分相跳闸位置 TWJb
3		C 相断路器位置		断路器分相跳闸位置 TWJc
4		智能终端 A_断路器压力低，禁止重合闸		低气压闭锁重合闸
5		智能终端 A_闭锁重合闸		闭锁重合闸-1
6	PM2201A	#1 线路_保护跳闸		远传 1-1
7		#1 线路_保护跳闸		其他保护动作-1

续表

SV 对应的 LD：PISV/LLN0		External Data Description	Internal IED Name	Internal Data Description
NO	External IED Name			
1	ML2201A	额定延迟时间	PL2201A	MU 额定延时
2		保护 1 电流 A 相 1		保护 A 相电流 Ia1
3		保护 1 电流 A 相 2		保护 A 相电流 Ia2
4		保护 1 电流 B 相 1		保护 B 相电流 Ib1
5		保护 1 电流 B 相 2		保护 B 相电流 Ib2
6		保护 1 电流 C 相 1		保护 C 相电流 Ic1
7		保护 1 电流 C 相 2		保护 C 相电流 Ic2
8		级联保护电压 A 相 1		保护 A 相电压 Ua1
9		级联保护电压 A 相 2		保护 A 相电压 Ua2
10		级联保护电压 B 相 1		保护 B 相电压 Ub1
11		级联保护电压 B 相 2		保护 B 相电压 Ub2
12		级联保护电压 C 相 1		保护 C 相电压 Uc1
13		级联保护电压 C 相 2		保护 C 相电压 Uc2
14		保护 2 电压 A 相 1（同期电压 1）		同期电压 Ux1
15		保护 2 电压 A 相 2（同期电压 2）		同期电压 Ux2

表 6-3 　　　　　　　　　　线路智能终端虚端子表

GOOSE 对应的 LD：RPIT/LLN0		External Data Description	Internal IED Name	Internal Data Description
NO	External IED Name			
1	PL2201A	跳断路器	L2201A	A 跳 1
2		跳断路器		B 跳 1
3		跳断路器		C 跳 1
4		重合闸		重合 1
5		闭锁重合闸		闭锁重合闸 1
6	PM2201A	#1 线路_保护跳闸		TJR 闭重三跳 1

表 6-4   线路保护虚端子表

GOOSE 虚端子对应的 LD：MUGO		External Data Description	Internal IED Name	Internal Data Description
NO	External IED Name			
1	IL2201A	隔离开关 1 位置	ML2201A	1 母隔离开关位置
2		隔离开关 2 位置		2 母隔离开关位置
SV 对应的 LD：MUSV/LLN0		External Data Description	Internal IED Name	Internal Data Description
NO	External IED Name			
1	MM2201A	额定延时_9-2	ML2201A	B01_额定延迟_9-2
2		母线 1A 相保护电压 1_9-2		B01_1 母保护电压 A 相 1_9-2
3		母线 1A 相保护电压 2_9-2		B01_1 母保护电压 A 相 2_9-2
4		母线 1B 相保护电压 1_9-2		B01_1 母保护电压 B 相 1_9-2
5		母线 1B 相保护电压 2_9-2		B01_1 母保护电压 B 相 2_9-2
6		母线 1C 相保护电压 1_9-2		B01_1 母保护电压 C 相 1_9-2
7		母线 1C 相保护电压 2_9-2		B01_1 母保护电压 C 相 2_9-2
8		母线 2A 相保护电压 1_9-2		B01_2 母保护电压 A 相 1_9-2
9		母线 2A 相保护电压 2_9-2		B01_2 母保护电压 A 相 2_9-2
10		母线 2B 相保护电压 1_9-2		B01_2 母保护电压 B 相 1_9-2
11		母线 2B 相保护电压 2_9-2		B01_2 母保护电压 B 相 2_9-2
12		母线 2C 相保护电压 1_9-2		B01_2 母保护电压 C 相 1_9-2
13		母线 2C 相保护电压 2_9-2		B01_2 母保护电压 C 相 2_9-2
14		母线 1A 相测量电压_9-2		B01_1 母测量电压 A 相_9-2
15		母线 1B 相测量电压_9-2		B01_1 母测量电压 B 相_9-2
16		母线 1C 相测量电压_9-2		B01_1 母测量电压 C 相_9-2
17		母线 2A 相测量电压_9-2		B01_2 母测量电压 A 相_9-2
18		母线 2B 相测量电压_9-2		B01_2 母测量电压 B 相_9-2
19		母线 2C 相测量电压_9-2		B01_2 母测量电压 C 相_9-2
20		母线 1 零序电压 1_9-2		B01_1 母零序电压 1_9-2
21		母线 1 零序电压 2_9-2		B01_1 母零序电压 2_9-2
22		母线 2 零序电压 1_9-2		B01_2 母零序电压 1_9-2
23		母线 2 零序电压 2_9-2		B01_2 母零序电压 2_9-2

2. 220kV 母线间隔

220kV 母线间隔的标准信息流见表 6-5～表 6-7。

表 6-5　　　　　　　　　　母线保护 SMV 虚端子表

NO	SV 对应的 LD: PISV/LLN0 External IED Name	External Data Description	Internal IED Name	Internal Data Description
1	MM2201A	额定延时_9-2	PM 2201A	母线电压 MU 额定延时
2	MM2201A	母线 1A 相保护电压 1_9-2	PM 2201A	Ⅰ母母线 A 相电压 Ua11
3	MM2201A	母线 1A 相保护电压 2_9-2	PM 2201A	Ⅰ母母线 A 相电压 Ua12
4	MM2201A	母线 1B 相保护电压 1_9-2	PM 2201A	Ⅰ母母线 B 相电压 Ub11
5	MM2201A	母线 1B 相保护电压 2_9-2	PM 2201A	Ⅰ母母线 B 相电压 Ub12
6	MM2201A	母线 1C 相保护电压 1_9-2	PM 2201A	Ⅰ母母线 C 相电压 Uc11
7	MM2201A	母线 1C 相保护电压 2_9-2	PM 2201A	Ⅰ母母线 C 相电压 Uc12
8	MM2201A	母线 2A 相保护电压 1_9-2	PM 2201A	Ⅱ母母线 A 相电压 Ua21
9	MM2201A	母线 2A 相保护电压 2_9-2	PM 2201A	Ⅱ母母线 A 相电压 Ua22
10	MM2201A	母线 2B 相保护电压 1_9-2	PM 2201A	Ⅱ母母线 B 相电压 Ub21
11	MM2201A	母线 2B 相保护电压 2_9-2	PM 2201A	Ⅱ母母线 B 相电压 Ub22
12	MM2201A	母线 2C 相保护电压 1_9-2	PM 2201A	Ⅱ母母线 C 相电压 Uc21
13	MM2201A	母线 2C 相保护电压 2_9-2	PM 2201A	Ⅱ母母线 C 相电压 Uc22
14	ME2245A	额定延迟时间	PM 2201A	母联_MU 额定延时
15	ME2245A	保护 1 电流 A 相 1	PM 2201A	母联_保护 A 相电流 Ia1(正)
16	ME2245A	保护 1 电流 A 相 2	PM 2201A	母联_保护 A 相电流 Ia2(正)
17	ME2245A	保护 1 电流 B 相 1	PM 2201A	母联_保护 B 相电流 Ib1(正)
18	ME2245A	保护 1 电流 B 相 2	PM 2201A	母联_保护 B 相电流 Ib2(正)
19	ME2245A	保护 1 电流 C 相 1	PM 2201A	母联_保护 C 相电流 Ic1(正)
20	ME2245A	保护 1 电流 C 相 2	PM 2201A	母联_保护 C 相电流 Ic2(正)
21	WT2201A	额定延迟时间	PM 2201A	主变 1_MU 额定延时
22	WT2201A	保护 1 电流 A 相 1	PM 2201A	主变 1_保护 A 相电流 Ia1
23	WT2201A	保护 1 电流 A 相 2	PM 2201A	主变 1_保护 A 相电流 Ia2
24	WT2201A	保护 1 电流 B 相 1	PM 2201A	主变 1_保护 B 相电流 Ib1
25	WT2201A	保护 1 电流 B 相 2	PM 2201A	主变 1_保护 B 相电流 Ib2
26	WT2201A	保护 1 电流 C 相 1	PM 2201A	主变 1_保护 C 相电流 Ic1
27	WT2201A	保护 1 电流 C 相 2	PM 2201A	主变 1_保护 C 相电流 Ic2

第六章　智能站配置文件

续表

NO	SV 对应的 LD：PISV/LLN0　External IED Name	External Data Description	Internal IED Name	Internal Data Description
28	ML2201A	额定延迟时间	PM2201A	支路6_MU 额定延时
29		保护1电流 A 相 1		支路6_保护 A 相电流Ia1
30		保护1电流 A 相 2		支路6_保护 A 相电流Ia2
31		保护1电流 B 相 1		支路6_保护 B 相电流Ib1
32		保护1电流 B 相 2		支路6_保护 B 相电流Ib2
33		保护1电流 C 相 1		支路6_保护 C 相电流Ic1
34		保护1电流 C 相 2		支路6_保护 C 相电流Ic2

表 6-6　　　　母线保护 GOOSE 虚端子表

NO	GOOSE 虚端子对应的 LD：MUGO/LLN0　External IED Name	External Data Description	Internal IED Name	Internal Data Description
1	E2245A	断路器逻辑位置单跳三合	MM2201A	母联（分段）1位置
2		隔离开关1位置		母联（分段）1隔离开关1位置
3		隔离开关2位置		母联（分段）1隔离开关2位置

表 6-7　　　　母线合并单元虚端子表

NO	GOOSE 虚端子对应的 LD：PIGO/LLN0　External IED Name	External Data Description	Internal IED Name	Internal Data Description
1	IE2245A	A 相断路器位置	PM 2201A	母联_断路器 A 相位置
2		B 相断路器位置		母联_断路器 B 相位置
3		C 相断路器位置		母联_断路器 C 相位置
4		SHJ		母联_手合
5	PE2245A	启动失灵		母联_三相启动失灵开入
6	IT2201A	隔离开关1位置		主变1_1G 隔离开关位置
7		隔离开关2位置		主变1_2G 隔离开关位置
8	PT2201A	启动高压1侧断路器失灵		主变1_三相启动失灵开入

147

续表

NO	GOOSE 虚端子对应的 LD：PIGO/LLNO External IED Name	External Data Description	Internal IED Name	Internal Data Description
9	IL2201A	隔离开关 1 位置	PM2201A	支路 6_1G 隔离开关位置
10		隔离开关 2 位置		支路 6_2G 隔离开关位置
11	PL2201A	启动失灵		支路 6_A 相启动失灵开入
12		启动失灵		支路 6_B 相启动失灵开入
13		启动失灵		支路 6_C 相启动失灵开入

3. 220kV 变压器间隔

220kV 变压器间隔的标准信息流见表 6-8～表 6-12。

表 6-8　　　　主变高压侧合并单元虚端子表

NO	Inputs：MUGO/LLNO External IED Name	External Data Description	Internal IED Name	Internal Data Description
1	IT2201A	隔离开关 1 位置	MT2201A	1 母隔离开关位置
2		隔离开关 2 位置		2 母隔离开关位置

NO	Inputs：MUSV/LLNO External IED Name	External Data Description	Internal IED Name	Internal Data Description
1	MM2201A	额定延时_9-2	MT2201A	B01_额定延迟_9-2
2		母线 1A 相保护电压 1_9-2		B01_1 母保护电压 A 相 1_9-2
3		母线 1A 相保护电压 2_9-2		B01_1 母保护电压 A 相 2_9-2
4		母线 1B 相保护电压 1_9-2		B01_1 母保护电压 B 相 1_9-2
5		母线 1B 相保护电压 2_9-2		B01_1 母保护电压 B 相 2_9-2
6		母线 1C 相保护电压 1_9-2		B01_1 母保护电压 C 相 1_9-2
7		母线 1C 相保护电压 2_9-2		B01_1 母保护电压 C 相 2_9-2
8		母线 2A 相保护电压 1_9-2		B01_2 母保护电压 A 相 1_9-2
9		母线 2A 相保护电压 2_9-2		B01_2 母保护电压 A 相 2_9-2
10		母线 2B 相保护电压 1_9-2		B01_2 母保护电压 B 相 1_9-2

续表

NO	Inputs：MUSV/LLNO External IED Name	External Data Description	Internal IED Name	Internal Data Description
11		母线2B相保护电压2_9-2		B01_2母保护电压B相2_9-2
12		母线2C相保护电压1_9-2		B01_2母保护电压C相1_9-2
13		母线2C相保护电压2_9-2		B01_2母保护电压C相2_9-2
14		母线1A相测量电压_9-2		B01_1母测量电压A相_9-2
15		母线1B相测量电压_9-2		B01_1母测量电压B相_9-2
16		母线1C相测量电压_9-2		B01_1母测量电压C相_9-2
17	MM2201A	母线2A相测量电压_9-2	MT201A	B01_2母测量电压A相_9-2
18		母线2B相测量电压_9-2		B01_2母测量电压B相_9-2
19		母线2C相测量电压_9-2		B01_2母测量电压C相_9-2
20		母线1零序电压1_9-2		B01_1母零序电压1_9-2
21		母线1零序电压2_9-2		B01_1母零序电压2_9-2
22		母线2零序电压1_9-2		B01_2母零序电压1_9-2
23		母线2零序电压1_9-2		B01_2母零序电压2_9-2

表6-9　　主变高压侧智能终端虚端子表

NO	Inputs：RPIT/LLNO External IED Name	External Data Description	Internal IED Name	Internal Data Description
1	PT2201A	跳高压1侧断路器	IT2201A	TJR闭重三跳1
2	PM2201A	♯1主变_保护跳闸		TJR闭重三跳2

表6-10　　主变中压侧合智一体装置虚端子表

NO	Inputs：RPIT/LLNO External IED Name	External Data Description	Internal IED Name	Internal Data Description
1	PT2201A	跳中压侧断路器	MT1101A	保护TJR三跳1

表 6-11　　主变低压侧合智一体装置虚端子表

NO	Inputs：RPIT/LLNO External IED Name	External Data Description	Internal IED Name	Internal Data Description
1	PT2201A	跳低压 1 分支断路器	MT1001A	保护 TJR 三跳 1
2	PZT3501	跳电源 1	MT1001A	保护 TJR 三跳 2

表 6-12　　主变保护装置虚端子表

NO	Inputs：PIGO/LLNO External IED Name	External Data Description	Internal IED Name	Internal Data Description
1	PM 2201A	#1 主变_失灵联跳变压器	PT2201A	高压 1 侧失灵联跳开入

NO	Inputs：PIGO/LLNO External IED Name	External Data Description	Internal IED Name	Internal Data Description
1	MT2201A	额定延迟时间	PT2201A	高压 1 侧 MU 额定延时
2		保护 1 电流 A 相 1		高压 1 侧 A 相电流 I_{h1a1}
3		保护 1 电流 A 相 2		高压 1 侧 A 相电流 I_{h1a2}
4		保护 1 电流 B 相 1		高压 1 侧 B 相电流 I_{h1b1}
5		保护 1 电流 B 相 2		高压 1 侧 B 相电流 I_{h1b2}
6		保护 1 电流 C 相 1		高压 1 侧 C 相电流 I_{h1c1}
7		保护 1 电流 C 相 2		高压 1 侧 C 相电流 I_{h1c2}
8		保护 3 电流 A 相 1(零序电流 1-1)		高压侧零序电流 I_{h01}
9		保护 3 电流 A 相 2(零序电流 1-2)		高压侧零序电流 I_{h02}
10		保护 3 电流 B 相 1(零序电流 2-1)		高压侧间隙电流 I_{hj1}
11		保护 3 电流 B 相 2(零序电流 2-2)		高压侧间隙电流 I_{hj2}
12		级联保护电压 A 相 1		高压侧 A 相电压 U_{ha1}
13		级联保护电压 A 相 2		高压侧 A 相电压 U_{ha2}
14		级联保护电压 B 相 1		高压侧 B 相电压 U_{hb1}
15		级联保护电压 B 相 2		高压侧 B 相电压 U_{hb2}
16		级联保护电压 C 相 1		高压侧 C 相电压 U_{hc1}
17		级联保护电压 C 相 2		高压侧 C 相电压 U_{hc2}
18		级联零序电压 1		高压侧零序电压 U_{h01}
19		级联零序电压 2		高压侧零序电压 U_{h02}
20	MT1101A	B01_额定延迟时间		中压侧 MU 额定延时
21		B01_第二组保护电流 A 相 1（TP）		中压侧 A 相电流 I_{ma1}

第六章 智能站配置文件

续表

NO	Inputs：PIGO/LLNO External IED Name	External Data Description	Internal IED Name	Internal Data Description
22	MT1101A	B01_第二组保护电流 A 相 2（TP）		中压侧 A 相电流 Ima2
23		B01_第二组保护电流 B 相 1（TP）		中压侧 B 相电流 Imb1
24		B01_第二组保护电流 B 相 2（TP）		中压侧 B 相电流 Imb2
25		B01_第二组保护电流 C 相 1（TP）		中压侧 C 相电流 Imc1
26		B01_第二组保护电流 C 相 2（TP）		中压侧 C 相电流 Imc2
27		B01_中性点零序电流 1（TP）		中压侧零序电流 Im01
28		B01_中性点零序电流 2（TP）		中压侧零序电流 Im02
29		B01_中性点间隙电流 1		中压侧间序电流 Imj1
30		B01_中性点间隙电流 2		中压侧间序电流 Imj2
31		B01_保护电压 A 相 1		中压侧 A 相电压 Uma1
32		B01_保护电压 A 相 2		中压侧 A 相电压 Uma2
33		B01_保护电压 B 相 1		中压侧 B 相电压 Umb1
34		B01_保护电压 B 相 2	PT2201A	中压侧 B 相电压 Umb2
35		B01_保护电压 C 相 1		中压侧 C 相电压 Umc1
36		B01_保护电压 C 相 2		中压侧 C 相电压 Umc2
37		级联零序电压 1		高压侧零序电压 Uh01
38		级联零序电压 2		高压侧零序电压 Uh02
39		B01_额定延迟时间		低压1分支 MU 额定延时
40	MT1101A	B01_第二组保护电流 A 相 1（TP）		低压1分支 A 相电流IIa1
41		B01_第二组保护电流 A 相 2（TP）		低压1分支 A 相电流IIa2
42		B01_第二组保护电流 B 相 1（TP）		低压1分支 B 相电流IIb1
43		B01_第二组保护电流 B 相 2（TP）		低压1分支 B 相电流IIb2
44		B01_第二组保护电流 C 相 1（TP）		低压1分支 C 相电流IIc1
45		B01_第二组保护电流 C 相 2（TP）		低压1分支 C 相电流IIc2
46		B01_保护电压 A 相 1		低压1分支 A 相电压 UIIa1
47		B01_保护电压 A 相 2		低压1分支 A 相电压 UIIa2
48		B01_保护电压 B 相 1		低压1分支 B 相电压 UIIb1
49		B01_保护电压 B 相 2		低压1分支 B 相电压 UIIb2
50		B01_保护电压 C 相 1		低压1分支 C 相电压 UIIc1
51		B01_保护电压 C 相 2		低压1分支 C 相电压 UIIc2

4. 220kV 分段和母联间隔

220kV 分段和母联间隔的标准信息流见表 6-13~表 6-15。

表 6-13　　　　　　　　母联/分段合并单元虚端子表

External Data Description	Internal IED Name	Internal Data Description
额定延迟时间	PE2245A	MU 额定延时
保护 1 电流 A 相 1		保护 A 相电流 I_{a1}
保护 1 电流 A 相 2		保护 A 相电流 I_{a2}
保护 1 电流 B 相 1		保护 B 相电流 I_{b1}
保护 1 电流 B 相 2		保护 B 相电流 I_{b2}
保护 1 电流 C 相 1		保护 C 相电流 I_{c1}
保护 1 电流 C 相 2		保护 C 相电流 I_{c2}

表 6-14　　　　　　　　母联/分段保护装置虚端子表

NO	SV 对应的 LD：MUSV/LLNO External IED Name	External Data Description	Internal IED Name	Internal Data Description
1	MM2201A	额定延时_9-2	ME2245A	B01_额定延迟_9-2
2		母线 1A 相保护电压 1_9-2		B01_1 母保护电压 A 相 1_9-2
3		母线 1A 相保护电压 2_9-2		B01_1 母保护电压 A 相 2_9-2
4		母线 1B 相保护电压 1_9-2		B01_1 母保护电压 B 相 1_9-2
5		母线 1B 相保护电压 2_9-2		B01_1 母保护电压 B 相 2_9-2
6		母线 1C 相保护电压 1_9-2		B01_1 母保护电压 C 相 1_9-2
7		母线 1C 相保护电压 2_9-2		B01_1 母保护电压 C 相 2_9-2
8		母线 2A 相保护电压 1_9-2		B01_2 母保护电压 A 相 1_9-2
9		母线 2A 相保护电压 2_9-2		B01_2 母保护电压 A 相 2_9-2
10		母线 2B 相保护电压 1_9-2		B01_2 母保护电压 B 相 1_9-2
11		母线 2B 相保护电压 2_9-2		B01_2 母保护电压 B 相 2_9-2
12		母线 2C 相保护电压 1_9-2		B01_2 母保护电压 C 相 1_9-2
13		母线 2C 相保护电压 2_9-2		B01_2 母保护电压 C 相 2_9-2
14		母线 1A 相测量电压_9-2		B01_1 母测量电压 A 相_9-2
15		母线 1B 相测量电压_9-2		B01_1 母测量电压 B 相_9-2
16		母线 1C 相测量电压_9-2		B01_1 母测量电压 C 相_9-2

续表

NO	SV 对应的 LD：MUSV/LLNO External IED Name	External Data Description	Internal IED Name	Internal Data Description
17	MM2201A	母线 2A 相测量电压_9-2	ME2245A	B01_2 母测量电压 A 相_9-2
18		母线 2B 相测量电压_9-2		B01_2 母测量电压 B 相_9-2
19		母线 2C 相测量电压_9-2		B01_2 母测量电压 C 相_9-2
20		母线 1 零序电压 1_9-2		B01_1 母零序电压 1_9-2
21		母线 1 零序电压 2_9-2		B01_1 母零序电压 2_9-2
22		母线 2 零序电压 1_9-2		B01_2 母零序电压 1_9-2
23		母线 2 零序电压 2_9-2		B01_2 母零序电压 2_9-2

表 6-15　　　　　　　　　　母联/分段智能终端虚端子表

External Data Description	Internal IED Name	Internal Data Description
保护跳闸	IE2245A	TJR 闭重三跳 1
母联-保护跳闸		TJR 闭重三跳 2
跳高压侧母联 1		TJR 闭重三跳 3

二、500kV 标准信息流

500kV 变电站一般为常规采样，GOOSE 跳闸，按照线路间隔、母线间隔、变压器间隔、断路器间隔分别介绍 GOOSE 虚端子连接。

1. 500kV 线路间隔

500kV 线路间隔的标准信息流见表 6-16。

表 6-16　　　　　　　　　　线路保护装置 GOOSE 虚端子表

NO	Inputs：PIGO/LLNO External IED Name	External Data Description	Internal IED Name	Internal Data Description
1	IB5023A：5023 断路器智能终端 A	5023 断路器 A 相位置	PL5023A：500kV 线保护 A	边断路器分相跳闸位置 TWJa
2		5023 断路器 B 相位置		边断路器分相跳闸位置 TWJb
3		5023 断路器 C 相位置		边断路器分相跳闸位置 TWJc
4	IB5022A：5022 断路器智能终端 A	5022 断路器 A 相位置		中断路器分相跳闸位置 TWJa
5		5022 断路器 B 相位置		中断路器分相跳闸位置 TWJb
6		5022 断路器 C 相位置		中断路器分相跳闸位置 TWJc
7	PB5023A：5023 断路器保护 A	失灵跳闸 4		远传 1-1
8	PB5022A：5022 断路器保护 A	失灵跳闸 4		远传 1-2

153

2. 500kV 母线间隔

500kV 母线间隔的标准信息流见表 6-17、表 6-18。

表 6-17　　Ⅰ母母线保护装置 GOOSE 虚端子表

NO	Inputs：PIGO/LLNO External IED Name	External Data Description	Internal IED Name	Internal Data Description
1	PB5021A： 5021 断路器保护 A	失灵跳闸 3	PM5001A：500kV_ Ⅰ母母线保护 A	支路 2_失灵联跳

表 6-18　　Ⅱ母母线保护装置 GOOSE 虚端子表

NO	Inputs：PIGO/LLNO External IED Name	External Data Description	Internal IED Name	Internal Data Description
1	PB5023A： 5023 断路器保护 A	失灵跳闸 3	PM5002A：500kV_ Ⅱ母母线保护 A	支路 2_失灵联跳

3. 500kV 变压器间隔

500kV 变压器间隔的标准信息流见表 6-19。

表 6-19　　变压器保护装置 GOOSE 虚端子表

NO	Inputs：PIGO/LLNO External IED Name	External Data Description	Internal IED Name	Internal Data Description
1	PB5021A：5021 断路器保护 A	失灵跳闸 1	PT5001A： #1 主变保护 A	高压 1 侧失灵联跳开入
2	PB5022A：5022 断路器保护 A	失灵跳闸 1		高压 2 侧失灵联跳开入
3	PM22001A：220kV_甲母保护 A	主变 1 失灵联跳支路 4_失灵联跳变压器		中压侧失灵联跳开入

4. 500kV 断路器间隔

500kV 断路器间隔的标准信息流见表 6-20～表 6-25。

表 6-20　　边断路器 5021 智能终端 GOOSE 虚端子表

NO	Inputs：RPIT/LLNO External IED Name	External Data Description	Internal IED Name	Internal Data Description
1	PB5021A：5021 断路器保护 A	跳闸	IB5021A：5021 断路器智能终端 A	A 跳 1
2		跳闸		B 跳 1
3		跳闸		C 跳 1
4	PB5022A：5022 断路器保护 A	失灵跳闸 1		TJR 闭重三跳 3
5	PM5001A：500kV_Ⅰ母母线保护 A	支路 2_保护跳闸		TJR 闭重三跳 1
6	PT5001A：#1 主变保护 A	跳高压 1 侧断路器		TJR 闭重三跳 2

第六章 智能站配置文件

表 6-21　　　　边断路器 5021 保护装置 GOOSE 虚端子表

NO	Inputs：PIGO/LLNO	External Data Description	Internal IED Name	Internal Data Description
	External IED Name			
1	IB5021A：5021 断路器智能终端 A	5021 断路器 A 相位置	PB5021A：5021 断路器保护 A	断路器分相跳闸位置 TWJa
2		5021 断路器 B 相位置		断路器分相跳闸位置 TWJb
3		5021 断路器 C 相位置		断路器分相跳闸位置 TWJc
4		闭锁重合闸		闭锁重合闸-1
5		断路器压力低禁止重合闸		低气压闭锁重合闸
6	PI5001A：#1 主变保护 A	启动高压 1 侧失灵		保护三相跳闸-3
7	PM5001A：500kV_Ⅰ母母线保护 A	支路 2_保护跳闸		保护三相跳闸-4

表 6-22　　　　中断路器 5022 智能终端 GOOSE 虚端子表

NO	Inputs：PRIT/LLNO	External Data Description	Internal IED Name	Internal Data Description
	External IED Name			
1	PB5022A：5022 断路器保护 A	A 相跳闸	IB5022A：5022 断路器智能终端 A	A 跳 1
2		B 相跳闸		B 跳 1
3		C 相跳闸		C 跳 1
4		重合闸		重合 1
5	PL5023A：500kV 线路保护 A	GOS 跳中断路器 A 相		A 跳 2
6		GOS 跳中断路器 B 相		B 跳 2
7		GOS 跳中断路器 C 相		C 跳 2
8		GOS 闭锁中断路器重合闸		闭重
9	PT5001A：#1 主变保护 A	跳高压 2 侧断路器		TJR 闭重三跳 1
10	PB5021A：5021 断路器保护 A	失灵跳闸 1		TJR 闭重三跳 2
11	PB5023A：5023 断路器保护 A	失灵跳闸 1		TJR 闭重三跳 3

表 6-23　中断路器 5022 保护装置 GOOSE 虚端子表

NO	Inputs：PIGO/LLNO External IED Name	External Data Description	Internal IED Name	Internal Data Description
1	IB5022A：5022 断路器智能终端 A	闭锁重合闸	PB5022A：5022 断路器保护 A	闭锁重合闸-1
2		5022 断路器 A 相位置		断路器分相跳闸位置 TWJa
3		5022 断路器 B 相位置		断路器分相跳闸位置 TWJb
4		5022 断路器 C 相位置		断路器分相跳闸位置 TWJc
5		断路器压力低禁止重合闸		低气压闭锁重合闸
6	PL5023A：500kV 线路保护 A	GOS 启动中断路器 A 相失灵		保护 A 相跳闸 1
7		GOS 启动中断路器 B 相失灵		保护 B 相跳闸 1
8		GOS 启动中断路器 C 相失灵		保护 C 相跳闸 1
9		GOS 闭锁中断路器重合闸		闭锁重合闸-3
10	PT5001A：#1 主变保护 A	启动高压 2 侧失灵		保护三相跳闸-3

表 6-24　边断路器 5023 智能终端 GOOSE 虚端子表

NO	Inputs：PRIT/LLNO External IED Name	External Data Description	Internal IED Name	Internal Data Description
1	PB5023A：5023 断路器保护 A	A 相跳闸	IB5023A：5023 断路器智能终端 A	A 跳 1
2		B 相跳闸		B 跳 1
3		C 相跳闸		C 跳 1
4		重合闸		重合 1
5	PL5023A：500kV 线路保护 A	GOS 跳边断路器 A 相		A 跳 2
6		GOS 跳边断路器 B 相		B 跳 2
7		GOS 跳边断路器 C 相		C 跳 2
8		GOS 闭锁边断路器重合闸		闭重 1
9	PM5002A：500kV_Ⅱ母母线保护 A	支路 2_保护跳闸		TJR 闭重三跳 1
10	PB5022A：5022 断路器保护 A	失灵跳闸 2		TJR 闭重三跳 2

表 6-25　　　　　边断路器 5023 保护装置 GOOSE 虚端子表

NO	Inputs：PIGO/LLNO		External Data Description	Internal IED Name	Internal Data Description
	External IED Name				
1	IB5023A：5023 断路器智能终端 A		保护用信号闭锁重合闸	PB5023A：5023 断路器保护 A	闭锁重合闸-1
2			5023 断路器 A 相位置		断路器分相跳闸位置 TWJa
3			5023 断路器 B 相位置		断路器分相跳闸位置 TWJb
4			5023 断路器 C 相位置		断路器分相跳闸位置 TWJc
5	PL5023A：500kV 线路保护 A		GOS 启动边断路器 A 相失灵		保护 A 相跳闸 1
6			GOS 启动边断路器 B 相失灵		保护 B 相跳闸 1
7			GOS 启动断路器 C 相失灵		保护 C 相跳闸 1
8			GOS 闭锁边断路器重合闸		闭锁重合闸-3
9	IB5023A：5023 断路器智能终端 A		断路器压力低禁止重合闸		低气压闭锁重合闸
10	PM5002A：500kV_Ⅱ母母线保护 A		支路 2_保护跳闸		保护三相跳闸-4

思考与练习

（1）220kV 线路保护装置需要接收几个智能设备的保护信息，分别是什么？500kV 线路保护装置又是如何？

（2）220kV 变压器保护装置需要给哪些智能终端发跳闸信号？

（3）500kV 完整串的中断路器失灵，需要跳几个断路器，如何实现？

第四节　改、扩建典型案例

本节将通过一个实例，介绍智能站改扩建的基本思路、流程和注意事项。需要说明的是，案例只涉及保护信息流，但在实际改造中仍需要考虑测控装置相关的信息流。改造要求如下：

将原有 220kV 双母线接线方式改为 220kV 双母双分段接线方式，并在 220kVⅢ母、Ⅳ母上新增一条 220kV 竞赛Ⅲ线。一次系统主接线如图 6-19 所示，其中虚线框部分为改造后新增的一次设备接线，其余部分为改造前原有接线方式。

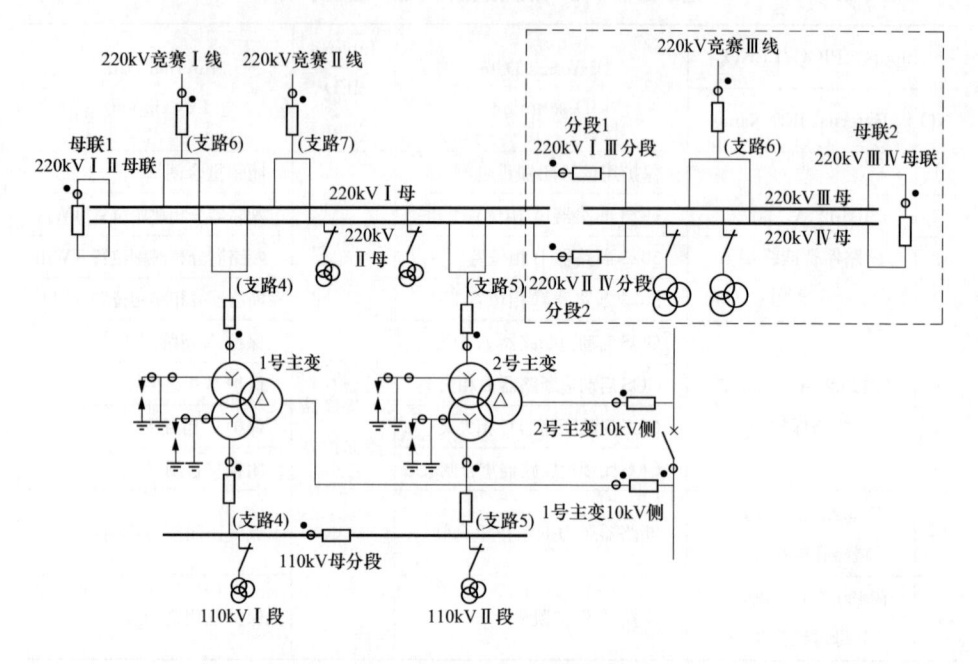

图 6-19 一次系统主接线图

一、新增二次设备

由一次系统图可以看出，新增的一次设备有 220kV Ⅰ Ⅲ 分段（简称分段1），220kV Ⅱ Ⅳ 分段（简称分段2），220kV Ⅲ Ⅳ 母联（简称母联2）相关设备，和 220kV 竞赛Ⅲ线，220kV Ⅲ 母、Ⅳ 母以及对应母线上的电压互感器。

对于分段1、分段2、母联2和竞赛Ⅲ线，新增的二次设备为保护装置、合并单元和智能终端。

双母双分段的母线保护由两套母线保护装置来完成，每套装置的保护范围如图 6-20 所示，故对于 220kV Ⅲ 母、Ⅳ 母以及对应母线上的电压互感器，新增设备为母线保护装置、母线合并单元（母线智能终端只接收测控装置的遥控命令，不涉及保护信息流，故本节不做介绍，但实际工程中需要考虑）。

综上所述，在本案例中，需要新增的二次设备见表 6-26，理清了需要新增的二次设备后，按照第二节介绍的方法，将新增设备一一导入原有 SCD 文件，再进行 IED 命名、描述更改、通信参数的配置等操作，新设备即导入完毕。

第六章 智能站配置文件

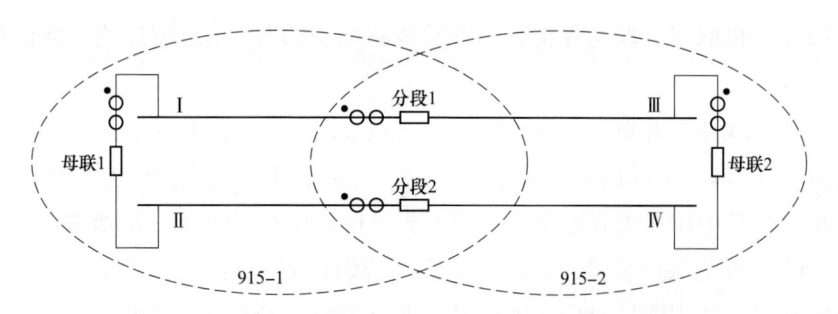

图 6-20 双母双分段接线的每套母线保护装置的保护范围

表 6-26　　　　　　　　　新增设备列表

序号	IED 描述	型 号	IED命名
1	220kV 竞赛Ⅲ线线路保护 A、B 套	PCS-931A-DA-G-V2.00	PL2203A/B
2	220kV 竞赛Ⅲ线线路智能终端 A、B 套	PCS-222B-I	IL2203A/B
3	220kV 竞赛Ⅲ线线路合并单元 A、B 套	PCS-221GB-G	ML2203A/B
4	220kV 母联 2 保护 A、B 套	PCS-923A-DA-G-V4.00	PE2202A/B
5	220kV 母联 2 智能终端 A、B 套	PCS-222B-I	IE2202A/B
6	220kV 母联 2 合并单元 A、B 套	PCS-221GB-G	ME2202A/B
7	220kV 分段 1 保护 A、B 套	PCS-923A-DA-G-V4.00	PF2201A/B
8	220kV 分段 1 智能终端 A、B 套	PCS-222B-I	IF2201A/B
9	220kV 分段 1 合并单元 A、B 套	PCS-221GB-G	MF2201A/B
10	220kV 分段 2 保护 A、B 套	PCS-923A-DA-G-V4.00	PF2202A/B
11	220kV 分段 2 智能终端 A、B 套	PCS-222B-I	IF2202A/B
12	220kV 分段 2 合并单元 A、B 套	PCS-221GB-G	PM2202A/B
13	220kVⅢ母、Ⅳ母保护 A、B 套	PCS-915A-DA-G V3.00	PM2202A/B
14	220kVⅢ母、Ⅳ母合并单元 A、B 套	PCS-221N-G-H3	MM2202A/B

二、新增设备保护信息流

新设备导入完毕后，首先要对新设备进行虚端子配置，新增保护装置间 GOOSE 信息流见表 6-27，SV 信息流见表 6-28。

220kV 母联（分段）保护、220kV 线路保护的 SV 信息流按照标准信息流配置即可。

220kV 线路合并单元（MU）的 SV 信息流需要注意级联电压的选取。一定要从对应母线的母线 MU 拉取。对于本案例，是从新增的母线 MU MM2202A/B 中拉取级联电压，注意不要错拉为原有母线 MU 的级联电压。

220kV 母线保护装置的 SV 信息流，需要注意三点：一，实际间隔要与母线保护装置中的支路号对应，220kV Ⅰ Ⅲ 分段对应分段 1，220kV Ⅱ Ⅳ 分段对应分段 2，220kV Ⅲ Ⅳ 母联对应母联 1；二，支路 TA 极性要与实际一致，由图 6-19 可看出，新增两分段和线路的 TA 的非极性端在母线处，故这三个支路的极性一致，均以正极性接入新增母线保护；三，注意母联 TA 极性和母线保护型号，这关系到母联电流 SV 是以正极性接入还是反极性接入的问题。

表 6-27　　　　　　　　　新增保护装置间 GOOSE 信息流

保护	装置名称	开入量信号描述	信号来源
220kV 母线保护	220kV 母线保护	母联（分段）手合开入	220kV 母联（分段）智能终端
	220kV 母线保护	母联（分段）位置开入	220kV 母联（分段）智能终端
	220kV 母线保护	母联（分段）失灵开入	220kV 母联（分段）保护
	220kV 母线保护	线路失灵开入	220kV 线路保护
	220kV 母线保护	线路隔离开关位置开入	220kV 线路智能终端
	220kV 本侧母线保护	对侧分段失灵开入	220kV 对侧母线保护
220kV 线路保护	220kV 线路保护	开关位置	220kV 线路智能终端
	220kV 线路保护	闭锁重合闸开入	220kV 线路智能终端
	220kV 线路保护	低气压闭锁重合闸开入	220kV 线路智能终端
	220kV 线路保护	其他保护保护动作	220kV 母差保护
220kV 线路智能终端	220kV 线路智能终端	跳闸开入	220kV 线路保护
	220kV 线路智能终端	重合闸开入	220kV 线路保护
	220kV 线路智能终端	闭锁重合闸开入	220kV 线路智能终端
	220kV 线路智能终端	TJR 闭重三跳开入	220kV 母差保护
220kV 线路 MU	220kV 线路合并单元	主母隔离开关位置开入	220kV 线路智能终端
	220kV 线路合并单元	副母隔离开关位置开入	220kV 线路智能终端
220kV 母联（分段）智能终端	220kV 母联（分段）智能终端	TJR 闭重三跳开入	220kV 母联（分段）保护
	220kV 母联（分段）智能终端	TJR 闭重三跳开入	220kV 母差保护
	220kV 母联（分段）智能终端	TJR 闭重三跳开入	主变保护

表 6-28　　　　　　　　　新增保护装置间 SV 信息流

保护	装置名称	输入量信号描述	信号来源
220kV 母线保护	220kV 母线保护	通道延时	220kV 母联/分段合并单元
	220kV 母线保护	母联/分段保护三相电流	220kV 母联/分段合并单元
	220kV 母线保护	通道延时	支路 n 合并单元
	220kV 母线保护	支路 n 保护三相电流	支路 n 合并单元
	220kV 母线保护	通道延时	220kV 母线合并单元
	220kV 母线保护	主母、副母三相保护电压	220kV 母线合并单元
220kV 线路保护	220kV 线路保护	通道延时	220kV 线路合并单元
	220kV 线路保护	三相保护电源、电压	220kV 线路合并单元
	220kV 线路保护	同期电压	220kV 线路合并单元
220kV 线路 MU	220kV 线路合并单元	通道延时	220kV 母线合并单元
	220kV 线路合并单元	主母、副母三相保护电压	220kV 母线合并单元
220kV 母联（分段）保护	220kV 母联（分段）保护	通道延时	220kV 母联(分段)合并单元
	220kV 母联（分段）保护	三相保护电流	220kV 母联(分段)合并单元

220kV 线路保护、智能终端和 MU 的 GOOSE 信息流按照标准信息流进行配置即可。

对于 220kV 母联智能终端的 GOOSE 信息流，对应母线上若有主变间隔，不要漏拉主变保护跳母联智能终端的 GOOSE 虚回路。

对于 220kV 分段智能终端的 GOOSE 信息流，所有的母线保护装置（包括原有保护和新增保护）和变压器保护装置，都需要跳分段智能终端，再考虑分段保护装置的跳闸回路，在本案中，分段智能终端需要接收 5 个跳闸信号。

对于 220kV 母线保护的 GOOSE 信息流，不要漏拉对侧（原有）母线保护装置开入的"分段 1（2）失灵"，该信号需要分别连接至本侧（新增）母线保护装置中的"对侧分段 1（2）失灵开入"虚端子。

三、对原有设备的影响

新设备的虚端子配置完毕后，需要对受波及的原有设备进行虚端子更新。在本案例中，需要注意的是原母线保护装置的信息流。由图 6-19 可知，新增分段的 TA 极性与原有间隔的 TA 极性一致，故分段 1、2 的电流 SV 以正极性接入原母线保护；在原母线保护中除增加分段手合开入、分段断路器位置和分段失灵开入等 GOOSE 信号外，注意不要漏拉对侧（新增）母线保护装置开入的"分段 1（2）失灵"，该信号需要分别连接至本侧（原有）母线保护装置中的"对侧分段 1（2）失灵开入"虚端子。

💡 思考与练习

（1）在本节案例中，若要将 2 号主变重新接引到改造的Ⅲ母、Ⅳ母上，新增的母线保护中，2 号主变应该对应支路几？

（2）将双母线接线方式改造为双母单分段接线方式，需要新增哪些一次设备和二次设备？涉及的二次设备又有哪些？（提示，双母单分段接线方式的母线保护装置有单独的型号，需要更新原双母线接线方式的母线保护装置。）

第五节　SCD 常见故障汇总及排查思路

SCD 故障设置思路是从 SCD 制作过程中遇到的问题设置故障点，如从设备通信参数配置不正确或缺失、合并单元级联母线电压虚端子不正确或缺失、合并单元接收 GOOSE 虚端子不正确或缺失、保护接收采样虚端子不正确或缺失、保护接收 GOOSE 虚端子不正确或缺失、智能终端接收 GOOSE 虚端子不正确或缺失、设备模型数据集功能与描述不正确、设备模型数据集缺失等方面来设置。

一、通信参数

1. 站控层网络

站控层网络能够设置的故障点如图 6-21 所示，一个是 IP 地址，一个是子网掩码。子网掩码要求全站一致，一般不会在这里设置故障。IP 地址可以设置的故障包括 IP 地址重复和 IP 地址不在同一个网段，例如图 6-21 中若将 PM2201A 和 PM2201B 的 IP 地址都设置为 172.20.220.7，则为 IP 地址重复；将 PM2201A 的 IP 地址设置为 172.21.220.7，其他间隔不变，则为 IP 地址不在同一网段（注意子网掩码为 255.255.0.0，前两位为网络地址）。

针对 IP 地址重复，可以通过软件自带的语义校验功能查出来。

针对 IP 地址不在同一网段，只能观察。

图 6-21 站控层网络故障点

2. 过程层 GOOSE 网络

过程层 GOOSE 网络能够设置的故障点如图 6-22 所示，包括组播地址、VLAN 标识、VLAN 优先级、应用标识、最小值和最大值。

组播地址可设置的故障有组播地址重复、组播地址不在标准范围内。组播地址重复可以通过软件自带的语义校验功能查出来。当组播地址不在标准范围内时，该组播地址会以灰色斜体字显示，非常明显。

VLAN 优先级一般不设置故障。VLAN 标识为 3 位 16 进制数，范围为 000～007，超出范围或者位数不是 3 位时，会以灰色斜体字显示，非常明显。

应用标识即通常所说的 APPID，可设置的故障有 APPID 重复和 APPID 不在标准范围内。APPID 重复可以通过软件自带的语义校验功能查出来。当 APPID 不在标准范围内时，该组播地址会以灰色斜体字显示，非常明显。

最小值应保持全站统一，一般为 2，当存在不为 2 的数值时，即为故障点，只能通过观察发现。

最大值应保持全站统一，一般为 5000，当存在不为 5000 的数值时，即为故障点，只能通过观察发现。

图 6-22 过程层 GOOSE 网络故障点

3. 过程层 SVM 网络

过程层 SMV 网络能够设置的故障点如图 6-23 所示，包括组播地址、VLAN 标识、VLAN 优先级、应用标识。

组播地址可设置的故障有组播地址重复、组播地址不在标准范围内。组播地址重复可以通过软件自带的语义校验功能查出来。当组播地址不在标准范围内时，该组播地址会以灰色斜体字显示，非常明显。

VLAN 优先级一般不设置故障。VLAN 标识为 3 位 16 进制数，范围为 000～007，超出范围或者位数不是 3 位时，会以灰色斜体字显示，非常明显。

应用标识即通常所说的 APPID，可设置的故障有 APPID 重复和 APPID 不在标准范围内。APPID 重复可以通过软件自带的语义校验功能查出来。当 APPID 不在标准范围内时，该组播地址会以灰色斜体字显示，非常明显。

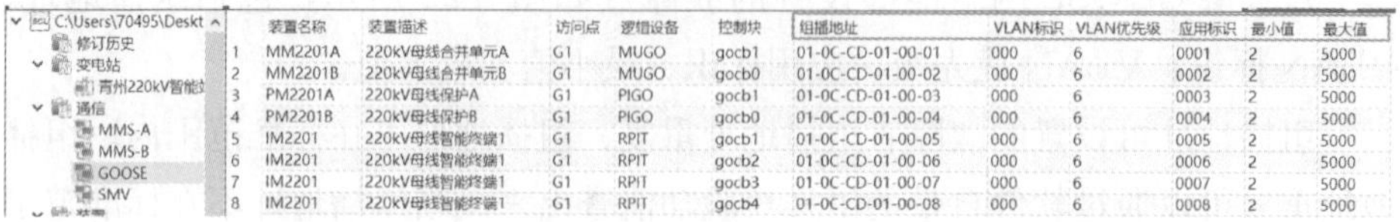
C:\Users\70495\Deskt
修订历史
变电站
青州220kV智能
通信
MMS-A
MMS-B
GOOSE
SMV
装置名称 装置描述 访问点 逻辑设备 控制块 组播地址 VLAN标识 VLAN优先级 应用标识 最小值 最大值
1 MM2201A 220kV母线合并单元A G1 MUGO gocb1 01-0C-CD-01-00-01 000 6 0001 2 5000
2 MM2201B 220kV母线合并单元B G1 MUGO gocb0 01-0C-CD-01-00-02 000 6 0002 2 5000
3 PM2201A 220kV母线保护A G1 PIGO gocb1 01-0C-CD-01-00-03 000 6 0003 2 5000
4 PM2201B 220kV母线保护B G1 PIGO gocb0 01-0C-CD-01-00-04 000 6 0004 2 5000
5 IM2201 220kV母线智能终端1 G1 RPIT gocb1 01-0C-CD-01-00-05 000 6 0005 2 5000
6 IM2201 220kV母线智能终端1 G1 RPIT gocb2 01-0C-CD-01-00-06 000 6 0006 2 5000
7 IM2201 220kV母线智能终端1 G1 RPIT gocb3 01-0C-CD-01-00-07 000 6 0007 2 5000
8 IM2201 220kV母线智能终端1 G1 RPIT gocb4 01-0C-CD-01-00-08 000 6 0008 2 5000

图 6-23　过程层 SMV 网络故障点

二、虚端子连接

SCD 大部分故障都设置在虚端子连接上，此处最能考查学生对智能变电站回路设计、模型层级和保护逻辑的理解，需要学生对第五章的典型虚回路熟练掌握，才能快速查找故障。虚回路上的故障一般都是采用对照法，例如对照同种设备，对照同一间隔的 A 套和 B 套二次设备，对照对象为内、外部虚端子的信号描述和信号引用。下面分别介绍 GOOSE 和 SV 虚端子的故障点。

1. GOOSE 虚端子

GOOSE 虚端子设置故障点的方法有连接错误、遗漏、修改信号的中文描述和内外部信号不对应。图 6-24 所示为 220kV 线路保护的 GOOSE 虚端子故障点。

第一行的错误为内外部信号不对应。内部信号的 FCDA 为 stval，外部信号的 FCDA 为 t，实际上所有 GOOSE 虚端子的连接属性都应该为 stval 的 FCDA。该故障比较好查找，不对应后该行直接显示为斜体灰色，非常明显，与此类似的是 DO 层级与 DA 层级连在一起。这种故障都可以通过语义校验查找出来。

第二、三行的错误为修改信号的中文描述。只看信号的中文描述，发现线路保护的 B 相跳闸位置和 C 相跳闸位置都连接正确，但实际上内外部的信号描述是可以任意修改的。通过观察外部信号引用地址可以发现，第二行为"Q0CXCBR1"，对应该智能终端控制的第一个断路器的 C 相；第三行为"Q0BXCBR1"，对应该该智能终端控制的第一个断路器的 B 相，信号的引用地址是不会变的，显然这两个信号的描述是错误的。此类故障只能通过观察或对照法发现。

第四、五行故障为连接错误。外部的"开关压力低禁止重合闸"与"闭锁重合闸"连接反，此类故障只能通过观察或对照法发现。

在该组虚端子连接中，还遗漏了 220kV 母线保护发给线路保护的"其他保护动作"信号，该信号要注意支路号是否正确，可以通过比较线路保护、线路智能终端和母线保护的 GOOSE、SV 虚端子来确定。

另外，还需要注意的是 A 套装置的虚端子只能从相关的 A 套装置中选取，B 套装置的虚端子只能从相关的 B 套装置中选取，两套之间不要互联选取。

外部信号	外部信号描述	接收端口	内部信号	内部信号描述
1 IL2202BRPIT/Q0AXCBR1.Pos.t	220kV线路2智能终端B/A相断路器位置	7-B	PIGO/GOINGGIO1.DPCSO1.stVal	断路器分相跳闸位置TWJa
2 IL2202BRPIT/Q0CXCBR1.Pos.stVal	220kV线路2智能终端B/B相断路器位置	7-B	PIGO/GOINGGIO1.DPCSO2.stVal	断路器分相跳闸位置TWJb
3 IL2202BRPIT/Q0BXCBR1.Pos.stVal	220kV线路2智能终端B/C相断路器位置	7-B	PIGO/GOINGGIO1.DPCSO3.stVal	断路器分相跳闸位置TWJc
4 IL2202BRPIT/ProtInGGIO1.Ind1.stVal	220kV线路2智能终端B/闭锁重合闸	7-B	PIGO/GOINGGIO2.SPCSO7.stVal	低气压闭锁重合闸
5 IL2202BRPIT/ProtInGGIO1.Ind2.stVal	220kV线路2智能终端B/开关压力低禁止合闸	7-B	PIGO/GOINGGIO2.SPCSO1.stVal	闭锁重合闸-1
6 PM2201BPIGO/PTRC7.Tr.general	220kV母线保护B/支路7_保护跳闸	7-C	PIGO/GOINGGIO2.SPCSO2.stVal	闭锁重合闸-2

图 6-24　GOOSE 虚端子故障点

2. SV 虚端子

SV 虚端子设置故障点的方法有连接错误、遗漏、信号的中文描述和内外部信号不对应，如图 6-25 所示为 220kV 母线保护的 SV 输入虚端子。

第一处错误为 II 母 C 相电压双 DA 连接反，外部的 DA1 对应的内部的 DA2，外部的 AD2 对应的内部的 DA1。

第二处错误为母联 2245 间隔，只选取了六路电流，遗漏了合并单元的额定延时。

第三处错误为 1、2 号主变 MU 的额定延时连接反。

当然还有其他一些错误，类似 GOOSE 虚端子的 DA 与 DO 不对应，双 AD 的电压或电流外部信号对应的不是同一个 TVTR 或 TCTR，等等。另外还需要注意的是 A 套装置的虚端子只能从相关的 A 套装置中选取，B 套装置的虚端子只能从相关的 B 套装置中选取，两套之间不要互相选取。SV 虚端子的故障只能通过观察和对照发进行查找。

外部信号	外部信号描述	接收端口	内部信号	内部信号描述	
10 MM2201AMUSV/UBTVTR2.Vol1	220kV母线合并单元A/II母电压B相1	3-G	PISV/SVINGGIO1.SvIn9	II母线B相电压Ub21	1
11 MM2201AMUSV/UBTVTR2.Vol2	220kV母线合并单元A/II母电压B相2	3-G	PISV/SVINGGIO1.SvIn10	II母线B相电压Ub22	
12 MM2201AMUSV/UCTVTR2.Vol2	220kV母线合并单元A/II母电压C相2	3-G	PISV/SVINGGIO1.SvIn11	II母线C相电压Uc21	
13 MM2201AMUSV/UCTVTR2.Vol1	220kV母线合并单元A/II母电压C相1	3-G	PISV/SVINGGIO1.SvIn12	II母线C相电压Uc22	
14 ME2201AMUSV/PATCTR1.Amp1	220kV母联合并单元A/保护电流A相1	3-H	PISV/SVINGGIO2.SvIn1	母联_保护A相电流Ia1(正)	
15 ME2201AMUSV/PATCTR1.Amp2	220kV母联合并单元A/保护电流A相2	3-H	PISV/SVINGGIO2.SvIn2	母联_保护A相电流Ia2(正)	2
16 ME2201AMUSV/PBTCTR1.Amp1	220kV母联合并单元A/保护电流B相1	3-H	PISV/SVINGGIO2.SvIn3	母联_保护B相电流Ib1(正)	
17 ME2201AMUSV/PBTCTR1.Amp2	220kV母联合并单元A/保护电流B相2	3-H	PISV/SVINGGIO2.SvIn4	母联_保护B相电流Ib2(正)	
18 ME2201AMUSV/PCTCTR1.Amp1	220kV母联合并单元A/保护电流C相1	3-H	PISV/SVINGGIO2.SvIn5	母联_保护C相电流Ic1(正)	
20 MT2202AMUSV/LLN0.DelayTRtg	2号主变220kV侧合并单元A/合并器额定延时	3-I	PISV/SVINGGIO5.DelayTRtg1	主变1_MU额定延时	
21 MT2201AMUSV/PATCTR1.Amp1	1号主变220kV侧合并单元A/保护电流A相1	3-I	PISV/SVINGGIO5.SvIn1	主变1_保护A相电流Ia1	3
22 MT2201AMUSV/PATCTR1.Amp2	1号主变220kV侧合并单元A/保护电流A相2	3-I	PISV/SVINGGIO5.SvIn2	主变1_保护A相电流Ia2	
23 MT2201AMUSV/PBTCTR1.Amp1	1号主变220kV侧合并单元A/保护电流B相1	3-I	PISV/SVINGGIO5.SvIn3	主变1_保护B相电流Ib1	
24 MT2201AMUSV/PBTCTR1.Amp2	1号主变220kV侧合并单元A/保护电流B相2	3-I	PISV/SVINGGIO5.SvIn4	主变1_保护B相电流Ib2	
25 MT2201AMUSV/PCTCTR1.Amp1	1号主变220kV侧合并单元A/保护电流C相1	3-I	PISV/SVINGGIO5.SvIn5	主变1_保护C相电流Ic1	
26 MT2201AMUSV/PCTCTR1.Amp2	1号主变220kV侧合并单元A/保护电流C相2	3-I	PISV/SVINGGIO5.SvIn6	主变1_保护C相电流Ic2	
27 MT2202AMUSV/LLN0.DelayTRtg	2号主变220kV侧合并单元A/合并器额定延时	3-J	PISV/SVINGGIO6.DelayTRtg1	主变2_MU额定延时	3
28 MT2202AMUSV/PATCTR1.Amp1	2号主变220kV侧合并单元A/保护电流A相1	3-J	PISV/SVINGGIO6.SvIn1	主变2_保护A相电流Ia1	
29 MT2202AMUSV/PATCTR1.Amp2	2号主变220kV侧合并单元A/保护电流A相2	3-J	PISV/SVINGGIO6.SvIn2	主变2_保护A相电流Ia2	
30 MT2202AMUSV/PBTCTR1.Amp1	2号主变220kV侧合并单元A/保护电流B相1	3-J	PISV/SVINGGIO6.SvIn3	主变2_保护B相电流Ib1	
31 MT2202AMUSV/PBTCTR1.Amp2	2号主变220kV侧合并单元A/保护电流B相2	3-J	PISV/SVINGGIO6.SvIn4	主变2_保护B相电流Ib2	
32 MT2202AMUSV/PCTCTR1.Amp1	2号主变220kV侧合并单元A/保护电流C相1	3-J	PISV/SVINGGIO6.SvIn5	主变2_保护C相电流Ic1	
33 MT2202AMUSV/PCTCTR1.Amp2	2号主变220kV侧合并单元A/保护电流C相2	3-J	PISV/SVINGGIO6.SvIn6	主变2_保护C相电流Ic2	

图 6-25　SV 虚端子故障点

三、控制块

站控层网络能够设置的故障点不多，建议放到最后查找。

1. GSE 控制块

GSE 控制块一般在配置版本和数据集处设置故障。配置版本不能为 0，控制块所控制的数据集要与该装置数据集子界面中配置好的数据集名称对应。GSE 控制块一般放到最后查找。

2. SMV 控制块

SMV 控制块一般在配置版本、ASDU 和数据集处设置故障。配置版本不能为 0，ASDU 数不能为 0，控制块所控制的数据集要与该装置数据集子界面中配置好的数据集名称对应。SMV 控制块一般放到最后查找。

第七章

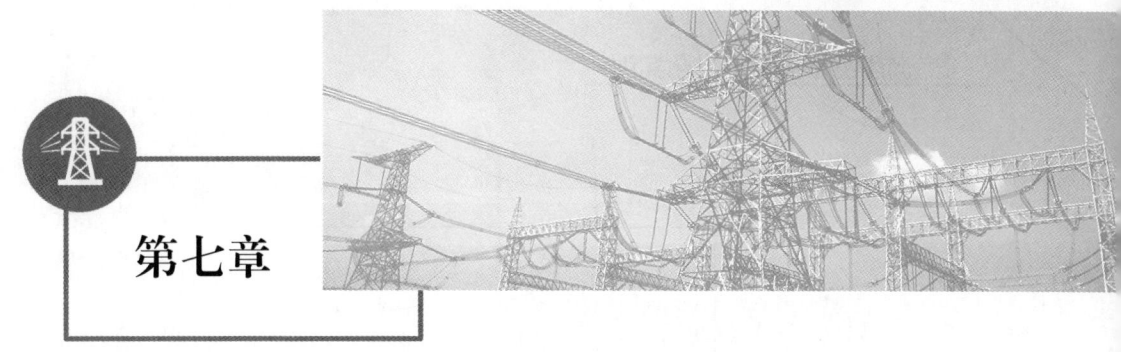

电力系统典型故障分析

【概述】 本章主要介绍电力系统故障分析，包括典型故障分析案例、二次回路异常及事故处理两节。第一节列举了 14 个典型故障案例分析，对现场的实际故障进行分析处理。第二节对二次回路的异常进行了分类讲解，介绍了不同异常的现象及查找问题的方法。

第一节 典型故障案例分析

一、案例一 电流二次回路误接线导致保护误动

1. 事故经过

某 500kV 变电站 500kV 部分主接线示意如图 7-1 所示。500kV Ⅰ 母及 5011、5021、5031、5052 断路器处于检修状态，对 5052-1 隔离开关 C 相异响的缺陷进行处理，并更换了 5011-1A、B 相隔离开关和 5021-1A 相隔离开关。1h 后，5021/5022 所带线路 PSL603G 保护装置零序保护Ⅳ段动作，5022 断路器跳闸。

2. 事故分析

经调查，5052-1 C 相隔离开关异响处理及 5011-1、5021-1 隔离开关更换工作的最后工序为隔离开关耐压试验。耐压试验前，需要短封相应开关进入两套线路保护的 TA，以防耐压不合格时，试验击穿电流流过 TA，对线路保护造成影响。高压专业的试验配合人员先对 PSL603G 装置的 5021 A 相 TA 进行了短封线路保护的工作。该工作人员未断开 5021A 相 TA 进入电流和回路的

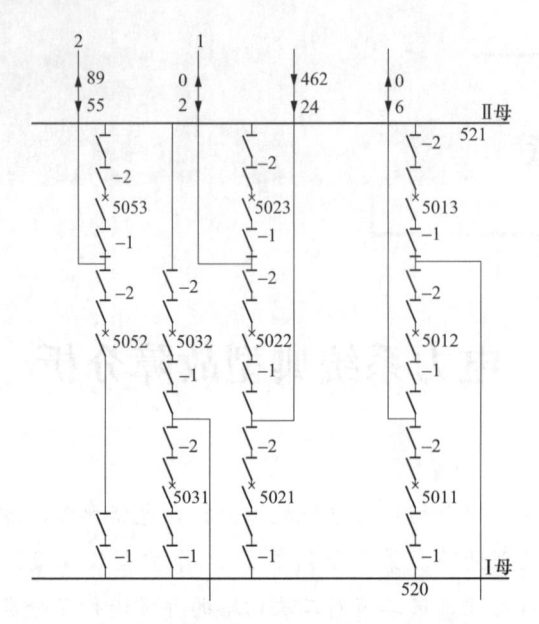

图 7-1 某变电站 500kV 部分主接线图

联片，而是直接短接了 5021 断路器 TA 二次回路的 A 相，分流造成进入保护装置的 A 相电流变小，致使保护装置采集到的零序电流超过零序保护Ⅳ段定值，保护动作，使 5022 断路器跳闸，如图 7-2 所示。

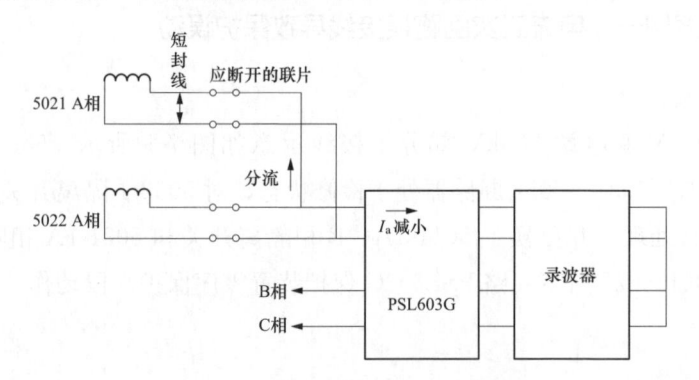

图 7-2 错误接线的电流回路接线图

二、案例二 母线电压回路接线错误导致保护误动

1. 事故经过

A 变电站（主接线见图 7-3）连续发生如下三次保护误动作：

（1）A 变电站 L1 线 A 相经高阻接地，线路两侧相差高频保护动作切除故障，同时本变电站 L2 线高频闭锁区外故障反方向误动跳闸。

（2）某发电厂母线故障，A 变电站 L2 线路高频闭锁区外故障反方向又误动作跳闸。

（3）某变电站线路 A 相接地故障，线路两侧相差高频保护动作切除故障，同时 A 变电站侧 L2 线高频闭锁区外反方向故障第三次误动作跳闸。

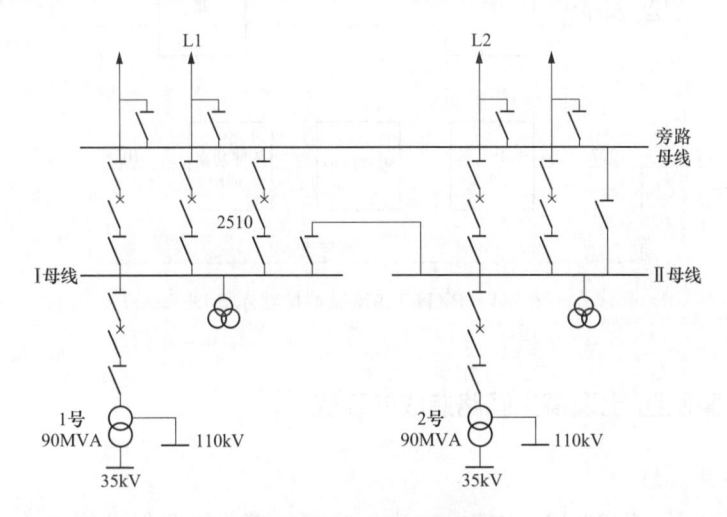

图 7-3 A 变电站主接线图

2. 事故分析

经现场检查发现，A 变电站 220kV 母线 TV 二次开口三角 $3U_0$ 小母线 L 与 N 线接反，致使方向判别元件在反向故障时误停高频闭锁信号而使保护误动作跳闸。

三、案例三 线路电流回路接线错误导致保护拒动

1. 事故经过

某 220kV 线路发生单相接地故障，本侧继电保护装置拒动，对侧出线零序后备保护误动作，造成本站全站停电（故障前该线路的两套高频保护均因装置缺陷退出运行）。

2. 事故分析

事故后到现场检查发现，造成这次保护拒动的原因是在保护屏 PXH-109X

的端子 1017 和 1018 之间跨有一条短线，如图 7-4 所示，发生故障时，$3I_0$ 经过这条短跨线流回中性线，使零序电流元件和零序功率方向元件电流线圈被短路，造成方向零序保护拒动。

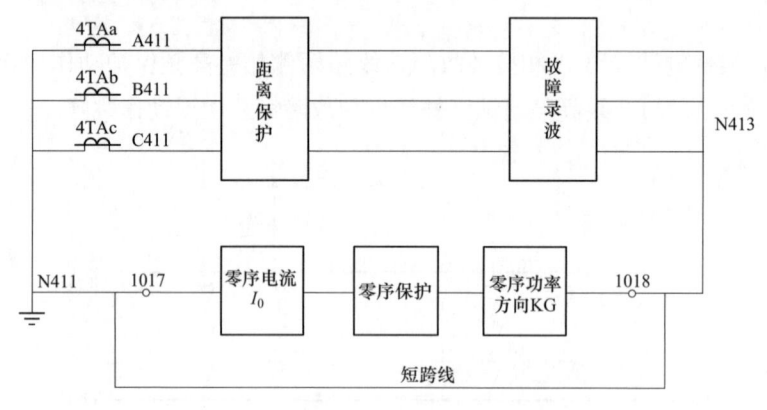

图 7-4　PXH-109X 保护接线示意图

四、案例四　出现寄生回路造成的事故

1. 事故经过

某变电站一条 220kV 出线，在进行高频闭锁式纵联保护停役检验时，当拆开发信信号继电器 KS 的负电源（图 7-5 中"×"处）线时，引起该保护出口继电器 2KM 动作跳闸。由图 7-5 可以看出，当 2KM 断开时，引起 KM0 动作，经收信继电器 KW0 动断触点与 KM0 动合触点启动 2KS 和 2KM。误动过程如图 7-5 中箭头所示。

2. 事故分析

经过现场调查发现，零序电流方向 II 段时间继电器 1KT0 的负电源端子，与高频闭锁式纵联保护出口继电器 2KM 的负电源端子没有分开。在断开"×"线时，JSF-11A 型装置与继电器 KM0、时间继电器 1KT0 构成回路，三个继电器共同加在正负电之间形成分压回路。经过现场实测，KM0 线圈两端分得的电压为 150V，而 1KT0 和 JSF-11A 型装置各分得 34V 和 33V。此分压回路产生后，由于 KM0 线圈两端分得的电压较大，达到继电器启动电压，继电器动作使 KM0 的动合触点闭合，保护出口继电器 2KM 线圈带电，从而误动作跳闸。

3. 采取对策

按相关规程的规定，接到同一熔断器的几组继电保护的直流回路均应有专用的端子对，本套保护的全部直流回路包括跳闸出口继电器的线圈回路，都必须且只能从这一端子取得直流的正、负电源。为此，可以将图 7-5 改成图 7-6 所示接线，这样在断开"×"线时，就不会发生上述事故跳闸了。图 7-6 中的 A、B 端子对属于零序电流方向 II 段保护装置的直流正、负电源，C、D 端子对属于高频闭锁式纵联保护装置的直流正、负电源。断开的"×"线实际断开的是 D 端子线，它不会产生寄生回路。

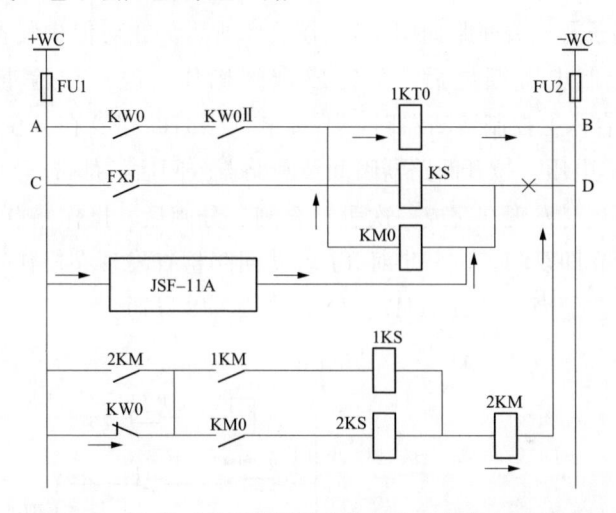

图 7-5　未按"专用端子对"接线产生的寄生回路图

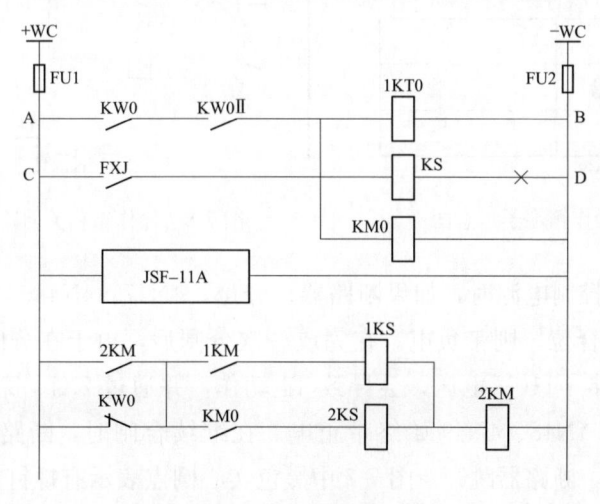

图 7-6　图 7-5 的改进接线图

五、案例五 由于操作箱设计原因导致断路器合闸后自行跳开

1. 事故经过

某 220kV 变电站运行人员进行某 110kV 断路器合闸操作时，发现如下异常情况：合闸瞬间，断路器立即跳开，控制屏亮"保护跳闸""控制回路断线"光字牌。保护装置（CSL-161A）告警，操作箱（SCX-11B，保继 1997 年产品）跳闸灯亮。

2. 事故分析

操作箱端子及相关回路如图 7-7、图 7-8 所示。在对保护装置及回路的检查中，发现控制电源断电后，可完成合闸操作。进一步检查发现，4D49（4N47）在刚合入上控制熔断器时，不带电（当时断路器在分位），合上断路器，带 $-110V$ 电压，拉开断路器瞬间及断路器分闸后，都带 $+110V$ 电压。在对操作箱内检查时发现在完成一次手动合闸、分闸后，操作箱 TJ 即保持，断开控制电源后立即复归。进一步对 TJ 启动回路检查发现在操作箱端子上，由于生产厂家工艺原因，导致 4N47、4N49 与 4N48 导通。

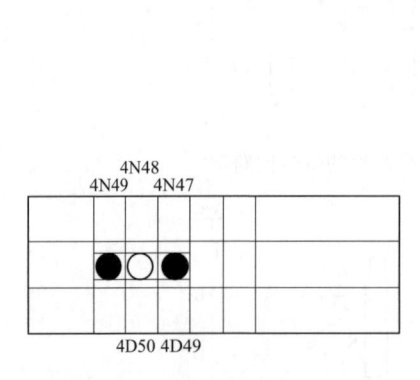

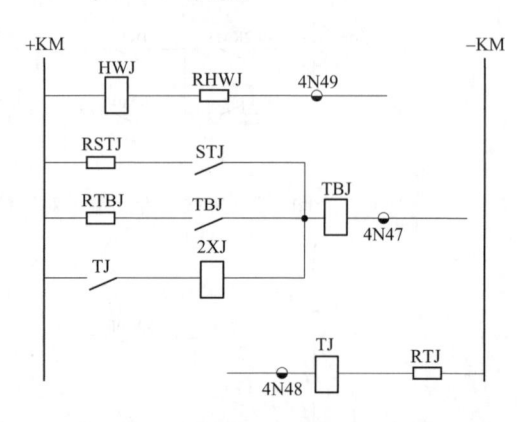

图 7-7　操作箱端子示意图

图 7-8　操作箱相关回路示意图

在刚合上控制电源时，如果断路器在分位，4N47、4N48、4N49 不带电；如果断路器在合位，则带负电。在完成一次分闸后，由于在分闸瞬间 4N47、4N48、4N49 带 $+110V$ 电压，会导致 TJ 动作，并通过 2XJ、TBJ 线圈保持，结果是 4N47、4N48、4N49 始终带正电。在继续合闸时，断路器合上瞬间，分闸回路导通，断路器跳开。图 7-7 中黑色实心圆点表示有螺钉压接，黑点与

黑点正常导通，但本装置的 4N48 端子（空心圆）也与黑点导通。

3. 采取对策

设备验收时，应检查端子上的联片是否存在此类的情况，建议将跨过其他端子的联片改为用导线直接连接。

六、案例六 液压机构内继电器损坏导致开关控制回路异常

1. 异常经过

2006 年 3 月 14 日 7 点 15 分，某 220kV 变电站 254 断路器控制屏三相红灯全灭、254 断路器保护"重合闸充电"指示灯亮，运行人员检查控制熔断器和断路器机构压力都正常。由信号分析可知此时断路器已经闭锁分闸，经调度同意，拉开 254-1、254-2 隔离开关。保护及检修人员到达现场前，运行人员为防止 254 断路器控制回路中有短路或接地情况，已将 254 断路器控制熔断器断开。保护及检修人员到达现场后，恢复控制熔断器，异常已消失。

2. 异常分析

图 7-9 所示为 254 断路器操作回路原理图。1YJJ 和 1YJJ′为压力低闭锁分闸继电器，3YJJ 为压力低闭锁合闸继电器，4YJJ 为压力低闭锁操作继电器，ZJ 为开关机构内重动继电器，CK3 在闭锁压力低至闭锁合闸时动作，CK4 在闭锁压力低至闭锁分闸时动作，CK5 在闭锁压力低至闭锁操作时动作，3YJJ 动断触点接入断路器保护，作为压力低闭锁重合闸开入。

如果控制回路电源消失，现象与上述异常相同，现场检查电源回路接触良好，故排除此原因。如果操作箱内控制电源Ⅰ、Ⅱ切换回路发生问题，现象与上述异常相同。因 254 断路器只有一组控制电源，所以在 1997 年改造时已将控制电源Ⅰ与切换后的回路用短接线连接，并且检查操作箱背板与插件引脚接触良好，故排除此原因。检查保护屏至机构箱的相关回路，接触良好，绝缘良好。因异常发生时运行人员检查机构压力正常，因此可以排除 CK3、CK4、CK5 同时动作的可能。分别模拟 CK3、CK4、CK5 动作，发现当 CK5 动作时，信号与上述异常相同。进一步检查 CK5 相关回路，发现 ZJ 的触点间距较近，用 1000V 绝缘电阻表测试，绝缘电阻值为 0。由以上分析可知异常发生的过程为：ZJ 触点击穿，导致 4YJJ 动作，4YJJ 动合触点使常励磁 3YJJ、1YJJ 复归；3YJJ 动断触点闭锁重合闸，使断路器保护发"重合闸充电"信号。1YJJ 动合触点断开，闭锁分闸回路，三相 HWJ 复归，控制

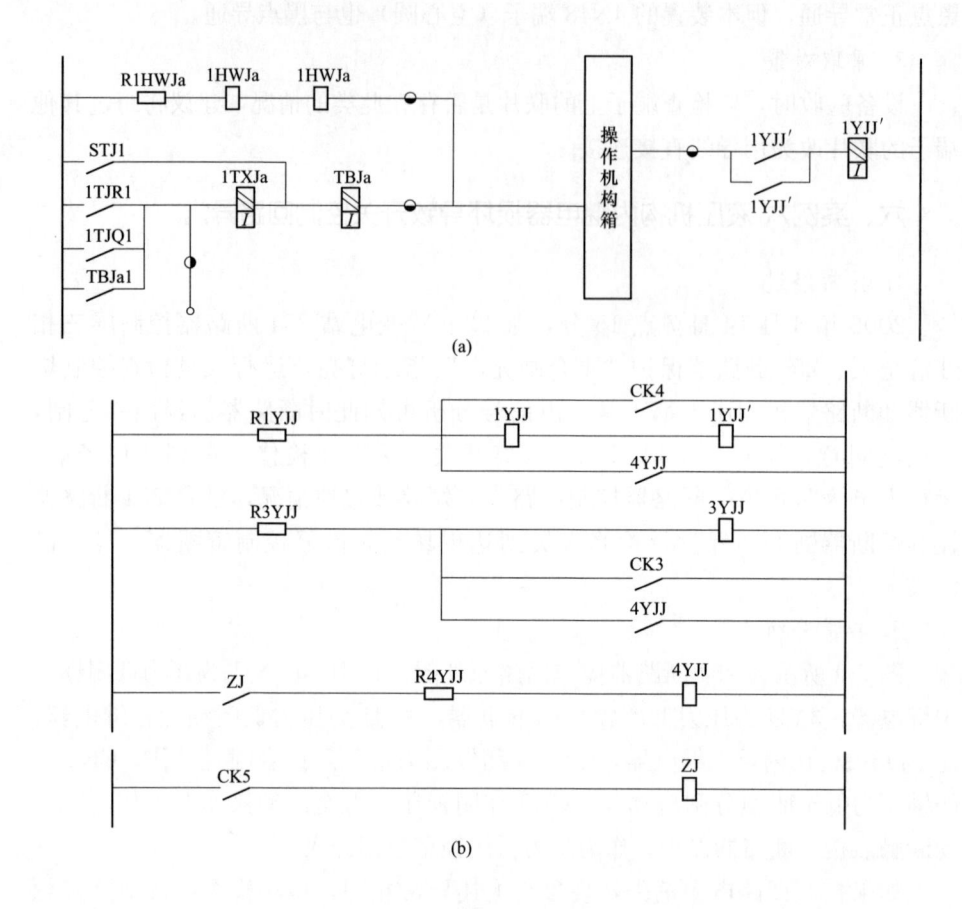

图 7-9　254 断路器操作回路原理图

屏红灯灭。

七、案例七　隔离开关转换开关接点异常造成二次反充电

1. 异常经过

2006 年 5 月 29 日，某 220kV 变电站 220kV 线路一 221 断路器及 220kV Ⅰ 母停电，值班员断开 221 断路器停电、220kV Ⅰ 母设备倒至Ⅱ母后，拉开 201 断路器，此时 220kV 线路二、1 号主变、2 号主变、220kV 1 号和 2 号母差保护均报 TV 断线，检查发现各装置 220kV 二次侧 B、C 相电压为 0，线路二三相二次侧电压均为 0，值班员检查发现 220kV 2 号 TV 二次熔断器 B、C 相熔

断。在拉开 21-7 隔离开关后，恢复 BC 相熔断器后，除线路二外，其他装置恢复正常，线路二二次侧 A 相电压为 0，220kV Ⅱ母线 TV 二次侧 B、C 相电压均为 57V。

保护人员逐个断开 220kV 线路一、1 号主变、2 号主变、220kV 线路二二次侧切换前的Ⅰ母线 B、C 相电压回路，发现当断开线路二相关回路时，220kV Ⅰ母 TV 二次侧 B、C 相电压消失。进一步检查发现，线路二的线路保护 220kV Ⅱ母二次侧电压 A 相熔断器熔断，更换后线路二线路保护 TV 断线信号恢复。保护人员对线路二 222 断路器 TV 二次侧电压切换回路检查发现，回路中所用 222-1 隔离开关动断触点不通。因 220kV Ⅰ母已停电，只能用控制正电 101 短接 222-1 辅助触点，模拟 222-1 隔离开关动断触点闭合。

2. 异常分析

电压回路和电压切换继电器回路如图 7-10、图 7-11 所示。2005 年，为检修某出线隔离开关，222 断路器曾连接 220kV Ⅰ母运行，此时合上 222-1 隔离开关；在该隔离开关检修完毕后，合上 222-2 隔离开关，拉开 222-1 隔离开关，此时 222-1 隔离开关动合触点断开，电压切换指示Ⅰ母灯灭，但此时因为 222-1 隔离开关动断触点不通，导致 1YQJ 不能复归，220kV 母线二次电压并列。当 2006 年 5 月 29 日拉开 201 断路器，220kV Ⅰ母失电时，发生二次反充电，220kV 2 号 TV 二次熔断器 B、C 相熔断，线路二线路保护 220kV Ⅱ母二次电压 A 相熔断器熔断。

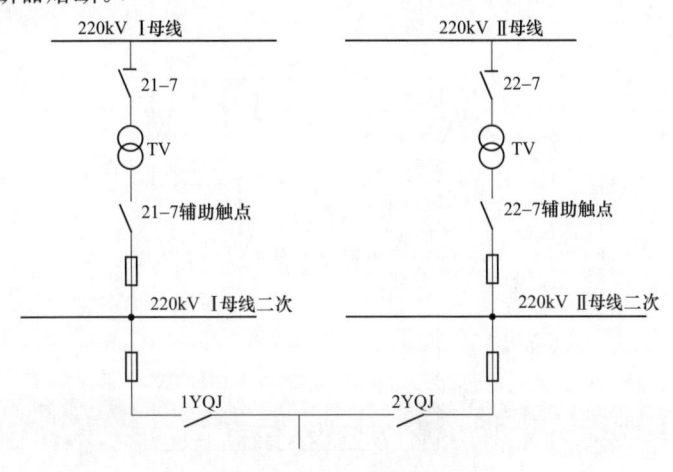

图 7-10　电压回路示意图

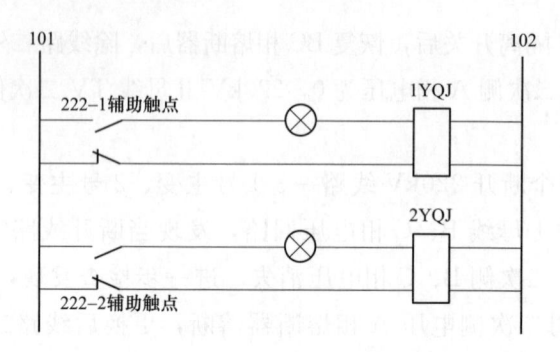

图 7-11 电压切换继电器回路

3. 采取对策

当发生此类异常时，一方面汇报调度，将 TV 断线可能误动的保护退出，另一方面应拉开停电母线 TV 隔离开关，断开反充电的回路，查找熔断的二次熔断器并更换，然后由保护人员逐个在有切换回路的保护屏断开停电母线的二次电压回路。在哪个屏断开回路后停电母线二次电压消失，就可能是该屏的切换回路异常，然后再查找发生切换回路异常的原因。

八、案例八 某线路发生单相接地故障

1. 事故经过

某变电站一次系统接线如图 7-12 所示，故障录波如图 7-13～图 7-15 所示。

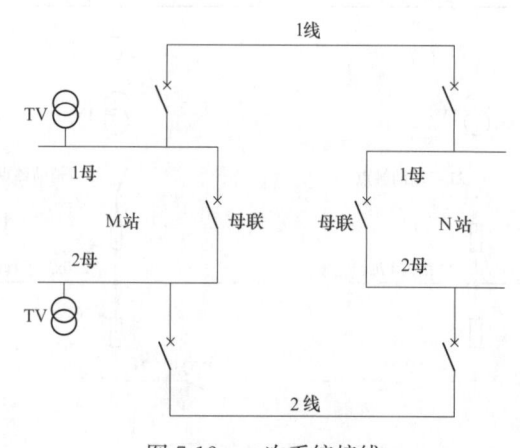

图 7-12 一次系统接线

第七章 电力系统典型故障分析

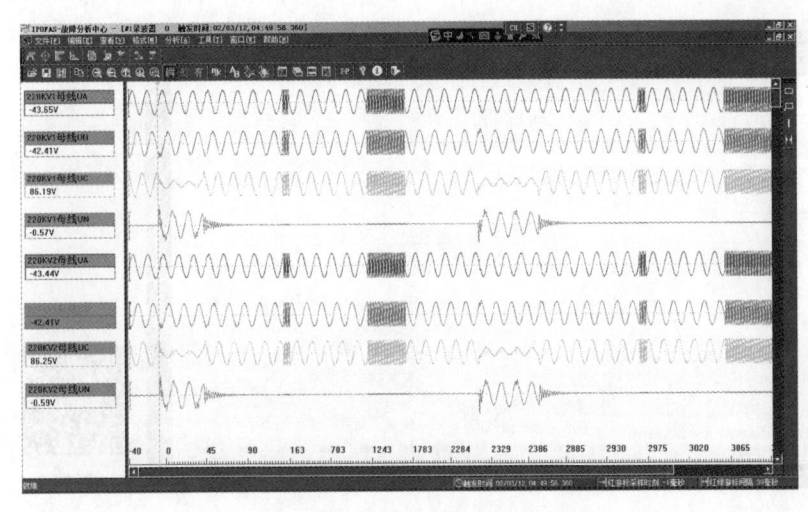

图 7-13 M 侧故障时保护装置的电压波形

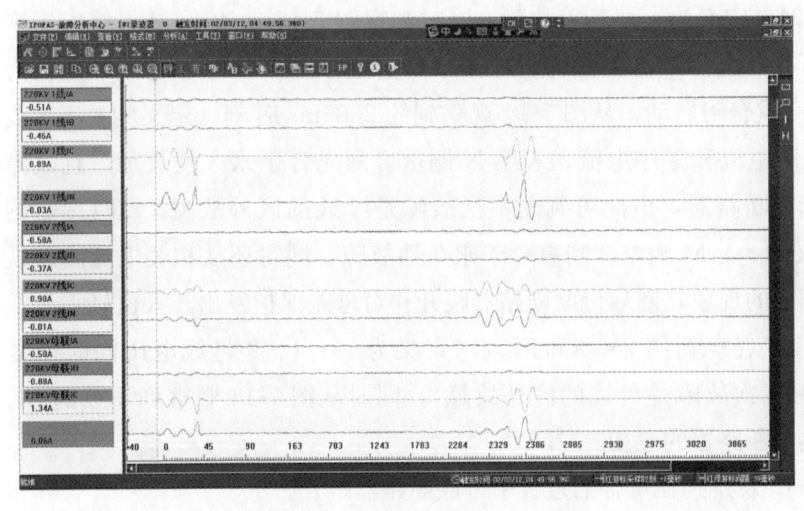

图 7-14 M 侧故障时保护装置的电流波形

2. 事故分析

从故障录波图 7-13 观察到 0s 时刻（定义为 t_0）1、2 母线 C 相电压跌落并出现零序电压，表明发生单相接地故障。

从录波图 7-14 观察到 1、2 线的 C 相都出现故障电流和零序电流，且 1 线 C 相故障电流和零序电流的幅值都大于 2 线。

从录波图 7-15 观察到 1 线 602C 相在约 30ms 时（定义为 t_1）发出跳令，

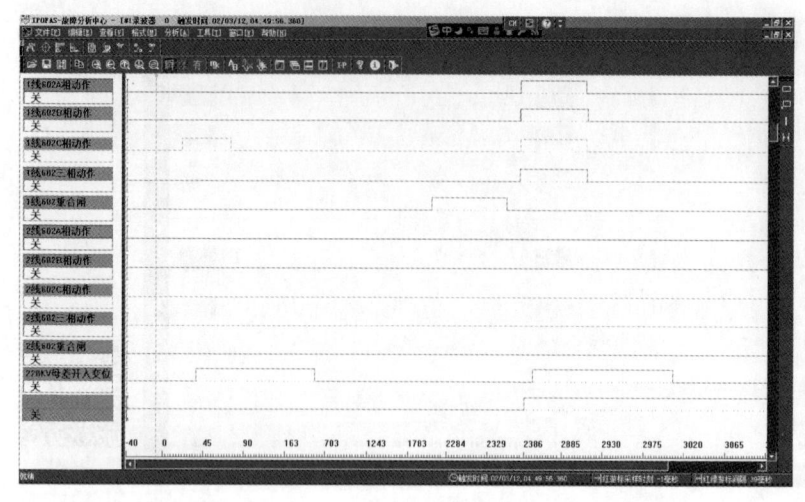

图 7-15 M 侧故障时保护装置开出的波形

在约 45ms 时（定义为 t_2）切除故障，同时观察图 7-13 上的 1、2 母线电压恢复，由此可判断为母线区外故障；从图 7-15 观察到约 2000ms 时刻（定义为 t_3）1 线 602 重合闸启动，从图 7-14 观察到约 2300ms 时刻（定义为 t_4）2 线 C 相出现故障电流和零序电流，表明 N 侧重合闸先合于永久性故障，且故障电流流经母联断路器，由此可判断本次故障是 2 线的区外故障。t_4 时刻后约 40ms（定义为 t_5）M 侧重合闸重合于永久性故障，同时还从相关电流波形观察到功率倒向的现象，随后母联断路器跳开并对母差保护发出开入信号。

从图 7-13 观察到约 2400ms 时刻（定义为 t_6）1、2 母线电压同时恢复（由此可判断本次故障是母线的区外故障），同时从图 7-14 观察到 1 线的 M、N 侧同时跳开断路器的三相。

从图 7-15 观察到在重合的过程中母联断路器跳开。

3. 事故结论

1 线在 t_0 时刻发生单相接地故障，t_1 时刻两侧断路器同时跳开 C 相，t_3 时刻 1 线重合闸启动，但在 t_4 时刻观察到 2 线 C 相再次出现故障电流和零序电流，由此判断 N 侧重合闸先合于永久性故障，M 侧重合闸后合于永久性故障，约 2 个周期 M、N 的 1 线两侧断路器同时三跳。

在 t_0 时刻线路 1 发生 C 相单相接地故障，t_2 时刻 M、N 两侧同时 C 相跳闸，M 侧 1 线 t_3 启动重合闸，t_4 时刻 N 侧 1 线先行重合于永久性故障，t_5 时刻

M 侧 1 线也重合于永久性故障，于 t_6 时刻 1 线 M、N 两侧同时三相跳闸。N 侧 1 线先行重合于永久性故障。保护重合闸的线路发生永久性故障，断路器动作 2 次。且保护动作 2 次均正确，所以 M 站、N 站保护装置应各按正确动作 2 次统计，重合闸按 1 次统计。

九、案例九 某变电站发生复合型故障

1. 事故经过

如图 7-16 所示，故障前某 220kV 母线 M 共有甲、乙两回线路及一台主变运行。故障后调取甲线 M 侧故障录波如图 7-17 所示。甲、乙线重合闸均停用，保护使用母线 TV 电压。

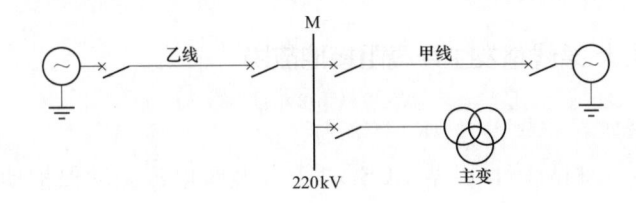

图 7-16 主接线图

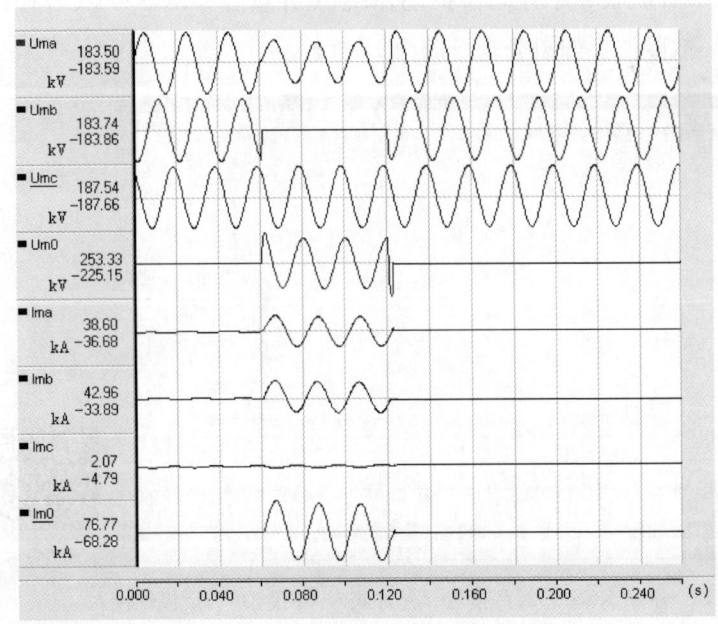

图 7-17 故障录波图

2. 事故分析

甲线正方向出口处发生经 A 相过渡电阻接地故障，同时在主变 220kV 高压侧出口处发生 B 相金属性接地故障。

从录波图 7-17 可以看出 A 相电压与 A 相电流基本同相，因此判定故障点在甲线出口处且经过渡电阻接地。

将 B 相电压等周期向故障时间段延伸，可以看出 B 相电流超前 B 相故障前电压约 85°，同时母线电压在故障期间为零，可以判定 B 相故障点在甲线 M 侧反方向出口处，又由于故障切除后母线电压恢复，因此母差保护未动作，乙线线路保护未动作，所以故障点只可能在主变 220kV 高压侧出口处，主变保护动作切除 B 相故障。

十、案例十 某线路发生经高阻接地故障

1. 事故经过

某线发生 A 相故障，甲站 RCS-931BM 装置电流差动保护动作跳 A 相，并重合成功，RCS-902CB 未动作（发了重合令）；乙站 RCS-931BM 电流差动保护、RCS-902CB 纵联零序方向保护动作跳 A 并重合。RCS-902CB 使用允许式分相通道。故障波形如图 7-18～图 7-21 所示。

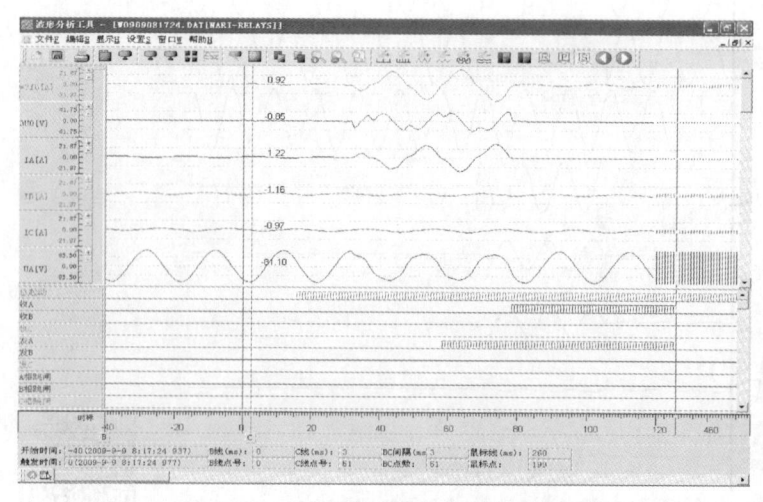

图 7-18 甲站 RCS-902CB 报告（允许式），外接 $3I_0$ 为反极性接入
（零序启动值为 0.5A）

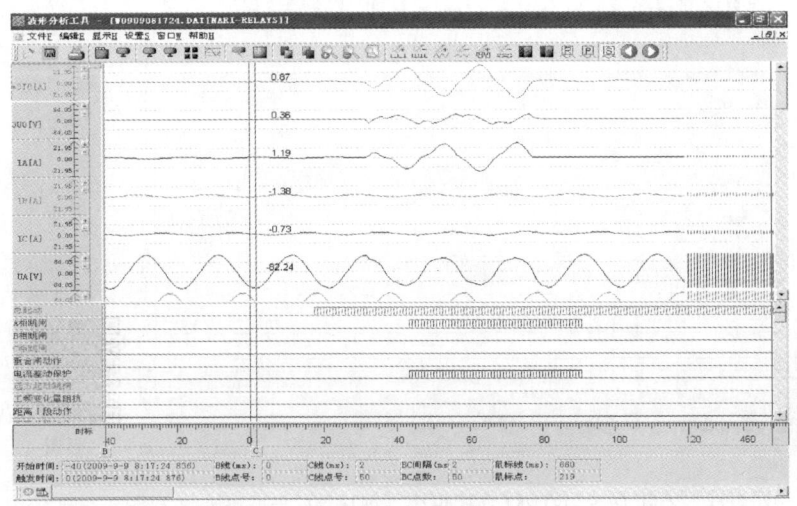

图 7-19　甲站 RCS-931BM 动作报告，外接 $3I_0$ 为反极性接入
（零序启动值为 0.5A）

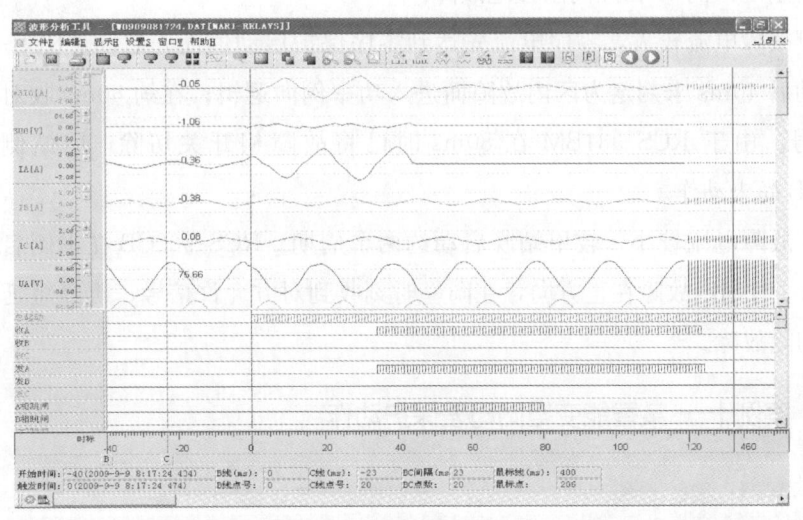

图 7-20　乙站 RCS-902CB 报告（允许式），外接 $3I_0$ 为反极性接入
（零序启动值为 0.1A）

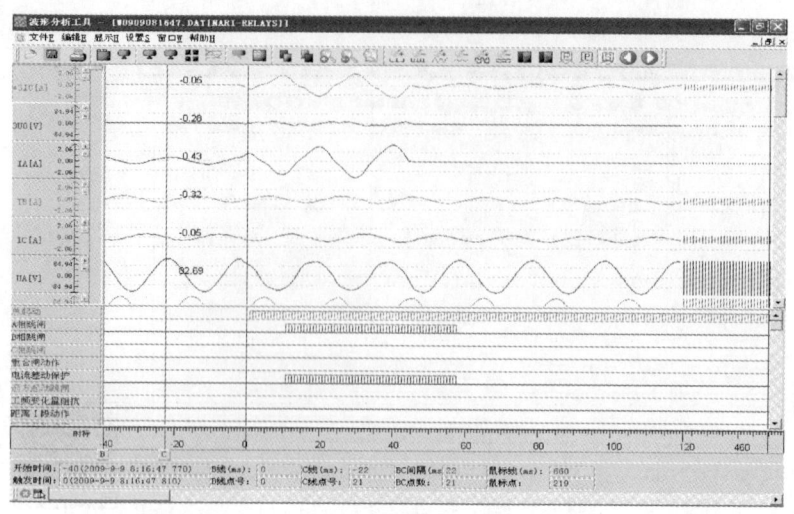

图 7-21 乙站 RCS-931BM 动作报告，外接 $3I_0$ 为反极性接入
（零序保护启动值为 0.1A）

2. 事故分析

故障类型是区内 A 相经高阻接地故障。

甲站侧故障电流较大，零序电流先达到零序保护启动值而先启动。RCS-902CB 启动后 40ms 未判定为区内故障而进入功率例向逻辑；在约 80ms 收对侧允许信号。由于 RCS-931BM 在 80ms 时已将故障相开关切除，甲站侧 RCS-902CB 尚未动作。

乙站侧故障电流较小，较甲站晚启动约两个周期。RCS-902CB 在本侧启动后约 35ms 时判定故障在正方向，在同一时刻收到对方允许信号，再经短延时后跳闸切除故障。

十一、案例十一 某智能变电站母差保护动作

1. 事故经过

某变电站 2015 年 9 月 21 日 15 时 11 分，按现场工作需要和调度令的要求，站内退出 220kVⅠ-Ⅱ段母线及Ⅲ-Ⅳ段母线 A 套差动保护。17 时 30 分，现场工作结束。17 时 37 分，运行人员按调度令开始操作恢复 220kVⅠ-Ⅱ段母

线及Ⅲ-Ⅳ段母线 A 套差动保护，在退出Ⅰ-Ⅱ段母线 A 套差动保护"投检修"压板后，操作批量投入各间隔的"GOOSE 发送软压板"和"间隔投入软压板"。17 时 42 分，Ⅰ-Ⅱ段母线母差保护动作，跳开Ⅰ-Ⅱ母线母联 212 断路器、#2 主变 232 断路器、拉墨Ⅰ线 241 断路器以及拉墨Ⅱ线 242 断路器（曲墨Ⅰ线 243 断路器、曲墨Ⅱ线 244 断路器因"间隔投入软压板"还未投入，未跳闸）。

2. 事故分析

检查现场工作发现，倒闸操作票步骤顺序填写错误，提前退出了 220kV Ⅰ-Ⅱ段母线 A 套差动保护"投检修"压板，之后的操作顺序也未按照倒闸操作票执行，操作顺序和操作票不一致，先投入了Ⅰ、Ⅱ母线各间隔"GOOSE 发送软压板"，之后再投入"间隔投入软压板"，导致母差保护动作，暴露出运行人员执行倒闸操作随意，存在习惯性违章行为。

十二、案例十二 某变压器区外发生相间短路故障

1. 事故经过

某变压器为 Yd 接线，低压侧无电源。图 7-22 为某次故障时变压器两侧保护安装处电压、电流录波图（一次值）。

2. 事故分析

（1）故障持续时间较长。故障从 40ms 开始，约在 668ms 时故障电流消失，Y 侧母线电压恢复正常。

（2）Y 侧 A、B 相电流大小相等，相位相同，与 C 相相位相反，幅值约为 C 相一半。

（3）d 侧录波图显示，故障期间 B、C 两相出现了幅值相等，相位相反的故障电流，可直观地看出是 d 侧两相相间短路。

（4）此时 d 侧 B、C 两相电压幅值相等约为 A 相电压幅值的一半，相位与 A 相电压相反。

根据上述分析可知，d 侧母线（区外）B、C 相间发生金属性短路故障，变压器低压侧后备保护动作跳开低压侧断路器。

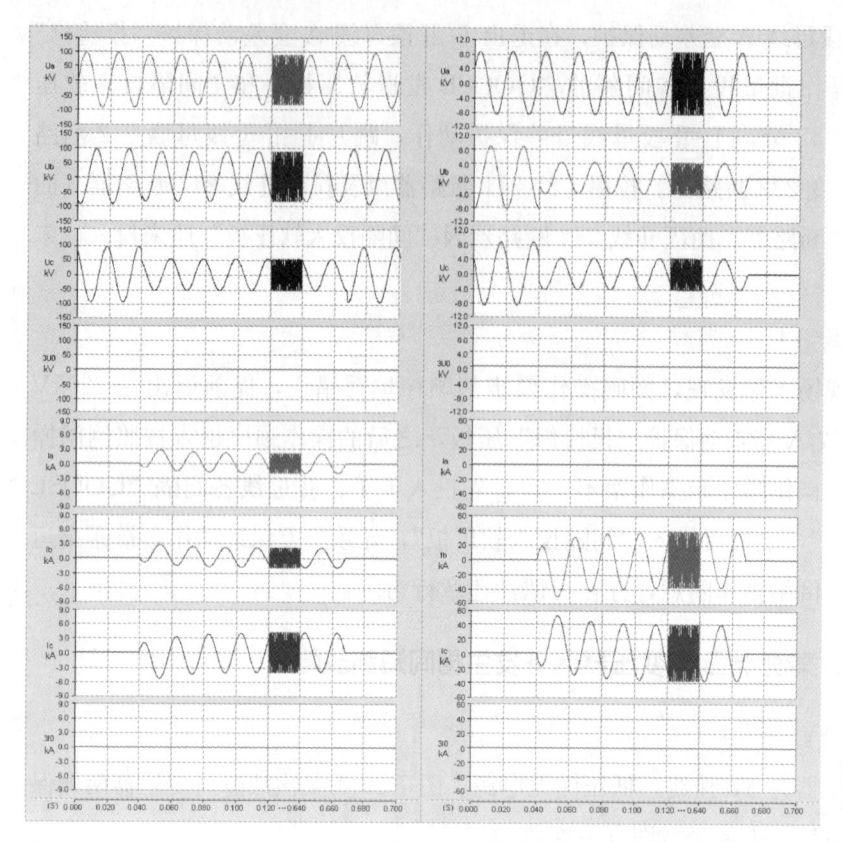

图 7-22 变压器两侧保护电压、电流录波图

十三、案例十三 某变电站发生复合型故障

1. 事故经过

如图 7-23 所示，南西甲线配置距离保护和零序保护，南云站 1 号变压器接地，2 号变压器不接地，母联断路器在合环运行，南西甲线发生单相接地故障，南云站两台变压器均跳闸。

2. 事故分析

根据事故情况可以分析，故障原因有以下五种可能：

（1）南西甲线两侧必须至少有一侧保护或者开关拒动；

（2）西塘站直流消失；

（3）南云站变压器后备保护未配置单独的先跳母联的保护时限；

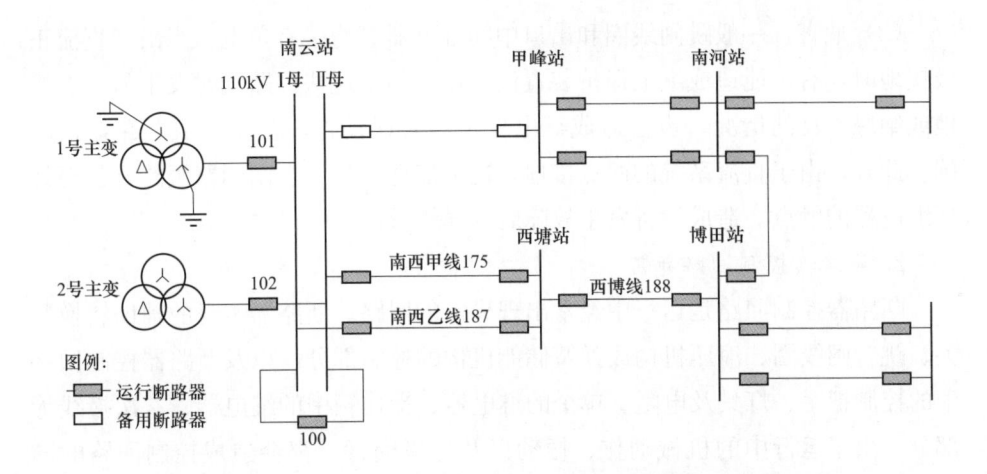

图 7-23 南云片网事故前 110kV 系统正常运行接线图

(4) 母联开关拒动；

(5) 南云侧变压器保护与南西甲乙线定值配合存在问题。

3. 采取对策

加强出线保护配置，若具备光纤通道条件，优先选择对于高阻接地有较高灵敏度的光纤差动保护；加强变压器后备保护配置，必须配置有先跳母联的保护时限；加强运行方式协调，尽量将南西甲、乙线安排在同一段母线上。

第二节 二次回路异常及事故处理

一、二次回路异常及故障的分类

1. 直流回路绝缘降低或接地

(1) 产生原因：①校线、压线错误。由于设备生产厂家或安装单位的工作人员在校线、压线过程中工作不认真，接线错误而造成直流系统接地。②绝缘不良。由于厂家设备、施工中的配线和电缆芯线的绝缘不良而造成直流系统接地。③设计不合理。由于设计不合理而产生的直流寄生回路。④接地电阻配值过低。由于直流绝缘监视装置的接地电阻配值过低，控制回路的操作把手置于预合位置时，将造成预告信号装置发出警告而产生直流系统接地。

(2) 危害。一般跳闸线圈和出口中间继电器等均接有负电，当出现直流正极接地时，有可能造成继电保护装置误动作。如果这些回路同时发生另一点接地或绝缘不良的情况，也会造成继电保护装置误动作，甚至造成断路器误跳闸。此外，由于直流系统的两点接地，还可能造成分、合闸回路短路，甚至烧坏继电器的触点，造成设备发生故障时的越级跳闸。

2. 断路器控制回路异常

断路器控制回路是运行中经常出现异常的回路。断路器本身的辅助转换开关、跳合闸线圈、液压机构或弹簧储能机构的控制部分，以及断路器控制回路中的控制把手、灯具及电阻、单个的继电器、操作箱中的继电器、二次接线等部分，由于运行中的机械动作、振动以及环境因素，都会造成控制回路的异常。断路器控制回路主要的异常有以下五种：

(1) 断路器辅助开关转换不到位导致的控制回路断线。断路器分闸后，如果断路器辅助开关转换不到位，将导致合闸回路不通，合闸跳闸位置继电器不能动作；断路器合闸后，如果断路器辅助开关转换不到位，将导致分闸回路不通，分闸跳闸位置继电器不能动作。在这两种情况下，控制回路中合闸位置继电器、分闸位置继电器都不能动作，发"控制回路断线"信号。在某些断路器合闸或跳闸回路中、合闸继电器或跳闸继电器线圈带电后，将形成自保持回路，直到断路器完成合闸或跳闸操作，断路器辅助开关正确转换后，断开合闸或跳闸回路，该自保持回路才能复归。如果断路器辅助开关转换不到位，在断路器已合上后合闸，跳闸回路中串接的辅助开关触点未断开，合闸或跳闸回路中将始终通入合闸、跳闸电流，最终将导致断路器合闸、跳闸线圈烧毁或合闸、跳闸继电器线圈或回路中的触点烧毁。

(2) 触点动作不正确。断路器液压机构压力闭锁触点、弹簧储能机构未储能闭锁触点、SF_6压力闭锁触点动作不正确造成的断路器控制回路异常。

1) 断路器液压机构压力闭锁触点，按照机构压力从高到低依次闭合的顺序为停泵、启泵、闭锁重合闸、闭锁合闸、闭锁操作。当机构压力不能满足一次"跳闸—合闸—跳闸"时，"闭锁重合闸"动作，如果该触点误动作，将导致重合闸误闭锁；如果该触点不能正确闭合，当机构压力低时线路发生故障，本应闭锁的重合闸未闭锁，此时如果线路是永久故障，可能导致断路器重合后因机构压力不足不能正常跳开。当机构压力不能满足一次"跳闸—合闸"时，"闭锁合闸"触点动作，如果该触点误动作，将导致断路器合闸回路不通，不能合闸，这将导致机构压力低时断路器因机构压力不足不能正确合闸，或是手合于故障线路时，断路器不能正确跳开。

2) 弹簧储能机构在每次合闸后进行储能，其能量保证断路器完成一次"跳闸—合闸—跳闸"过程。断路器合闸后，如果机构未能正常储能，断路器还可以完成一次"跳闸—合闸—跳闸"过程。当未储能误闭锁合闸回路后，将导致断路器合闸回路不通，不能合闸；同时可能发"控制回路断线"信号。当未储能不能正确闭锁合闸回路时，断路器不能正确合闸，同时可能因为未发"控制回路断线"信号，失去提前消除缺陷的机会。在某些断路器合闸或跳闸回路中、合闸继电器或跳闸继电器带有自保持功能的回路中，如果液压机构中"闭锁合闸"触点、"闭锁操作"触点或者弹簧储能机构未储能触点不能正确闭锁断路器的合闸或跳闸回路，断路器因机构压力不足或能量不足不能完成跳闸、合闸操作，断路器辅助开关不能转换，合闸或跳闸回路中会始终通入合闸、跳闸电流，最终将导致断路器合闸、跳闸线圈烧毁或合闸、跳闸继电器线圈或触点烧毁。

3) 当机构 SF_6 压力不足时，将闭锁跳闸和合闸回路。如果"SF_6 压力低闭锁操作"触点误动作，断路器合闸和跳闸网路不通，断路器不能操作。当 SF_6 压力低不能满足操作要求而"SF_6 压力低闭锁操作"触点不能正确动作时，如果对断路器进行合闸或分闸操作，可能会使断路器不能正确灭弧，从而导致断路器损坏。

(3) 断路器控制回路继电器损坏造成的控制回路异常。断路器控制回路中的继电器主要包括位置继电器、压力闭锁继电器、跳闸继电器、合闸继电器、防跳跃继电器等。当位置继电器发生异常时，将导致回路中红灯或绿灯不亮、误发"控制回路断线"信号，或是在控制回路断线时不能正确发"控制回路断线"信号。因为保护中一般通过接入位置继电器触点来判断断路器位置，当位置继电器发生异常时，可能误启动重合闸，或是误启动三相不一致保护。当压力闭锁继电器发生异常时，其现象、危害与对应的机构压力闭锁触点异常时的相似。

当串接在跳闸、合闸回路中的跳闸、合闸继电器发生触点不通或线圈断线等异常时，将导致断路器不能正确分闸或合闸。如果串接在跳闸、合闸回路中触点发生粘连，将导致断路器合上之后立即跳开或是跳开之后立即合上。

防跳继电器的作用是当手合于故障时，防止因外部始终有合闸命令，断路器跳开后再次合上、跳开,并持续合上、跳开的过程。当外部有合闸命令时,因此时防跳跃未动作,继电器动断触点依然闭合,断路器合闸;如果合于故障,保护动作,防跳跃继电器电流线圈中有电流流过,继电器动作;如果此时外部的合闸命令没有消失,防跳跃继电器的一对触点使继电器电压线圈带电,继电器在断路器跳开、防跳跃继电器电流线圈失电后依然保持动作后状态,同时其串接于合闸回路中的动断触点打开,断开合闸回路,防止断路器再次合闸。当外部合闸命令消失后,继电器才能返回。当该继电器不能正确动作、与电压线圈串接的触点不能闭合、与断路器合闸线圈串联的动断触点不能打开时,将失去断路器的防跳跃功能;如果动断触点损坏,不能闭合,断路器不能进行合闸操作。如果继电器的电流线圈断线,将使断路器不能分闸。

(4) 控制把手、灯具或电阻等元件损坏造成的控制回路异常。在常规的控制回路中,控制把手的一对触点用于合闸,一对触点用于分闸,两对触点串联后再与断路器辅助开关的动断触点串联用于事故后启动事故音响,同时还有用于启动重合闸充电回路的触点。当这些触点发生异常时,会导致相应的异常。在常规的控制回路中,灯具与电阻串联后再与控制把手的合闸或分闸触点并联。如果灯具或电阻发生断线,灯具不亮,不能正确地指示断路器位置;如果控制把手触点接至断路器合跳闸线圈的一侧发生接地,可能会使断路器误跳闸或合闸。

(5) 二次接线接触不良或短路、接地造成的控制回路异常。由于二次接线造成控制回路异常的也较多,其中包括二次接线端子松动、端子与端子间绝缘不良或者误导通、导线绝缘层损坏等。

3. 交流电压二次回路异常

电压互感器是继电保护二次设备与电力系统连接的交界点设备,其二次接线正确与否,直接关系到继电保护装置在电力系统一次故障时能否正确动作。交流电压二次回路异常既包括二次电压回路本身的异常,也包括电压二次回路的切换异常和并列控制回路的异常。

(1) 回路本身的异常包括短路、接地、断相、极性错误等。当短路、接地发生在二次熔断器(或自动空气开关)后的回路时,会使二次熔断器(或自动空气开关)熔断(跳开),保护及其他装置会发出相应的异常信号。当短路、接地发生在电压互感器二次线圈或者二次线圈与二次熔断器(或自动空气开关)之间的回路时,由于这部分回路没有相应的保护措施,异常发生后不能切除异常回路，只能导致回路烧毁或者互感器损坏。电压二次回路断相往往是因为回路接线接触不良、电压互感器的母线隔离开关辅助开关触点接触不良或是熔断器熔断，保护及其他装置会发出相应的异常信号。电压二次回路极性错误的原因主要是安装时接线错误或是由于在回路上工作后恢复错误。

（2）电压二次并列回路、切换回路的直流部分的异常。电压二次并列回路大致分为三种类型：第一种是不判断一次设备运行方式是否满足二次电压并列条件，直接通过并列的控制把手并列或由控制把手启动并列继电器并列。第二种用于双母线接线或单母线接线，将母联或分段断路器辅助开关的动断触点、隔离开关辅助开关的动断触点与并列控制把手串联后启动并列继电器。第三种用于3/2接线，将每串接线的断路器辅助开关的动断触点、隔离开关辅助开关的动断触点串联，再将各串联后的回路并联后串接并列控制把手启动并列继电器。当断路器、隔离开关辅助开关、并列控制把手触点不通，并列继电器带电后不能动作时，二次电压无法并列；当并列继电器单个触点不通时，并列后的二次电压缺相。

在双母线接线中，电压切换回路的异常主要是指线路或变压器母线隔离开关辅助开关的动合触点异常、切换继电器异常等情况。隔离开关的辅助开关动合触点不通或切换继电器本身带电后动作不正确时，可能造成保护装置因失去二次电压而告警；隔离开关的辅助开关动合触点不能打开或切换继电器本身不能正确复归时，可能会使二次电压发生二次并列。

在电压切换回路中，还有一个"切换回路失压"信号。该信号是将两组切换继电器的动断触点并联后与断路器辅助开关的动合触点串联。当断路器在合闸状态而两组电压切换继电器均不动作时，发"切换回路失压"信号。当切换继电器的动断触点或断路器辅助开关的动合触点动作不正确时，会误发或不能发出该信号。

4. 交流电流回路异常

电流互感器也是继电保护二次设备与电力系统连接的交界点设备，其二次接线正确与否，也直接关系到继电保护装置在电力系统一次故障时能否正确动作。电流回路的二次接线常见的异常主要有电流互感器二次绕组变比、级别错误，二次接线极性错误，回路绝缘下降导致存在第二个接地点等。

（1）如果电流互感器实际使用变比与调度下达的计算变比不一致，则运行中保护装置检测到的二次电流与系统实际潮流不相符，即保护二次动作值不等于期望的一次动作值,从而引起保护装置的误动或拒动。

(2) 继电保护主要反应于系统故障时,因此要求大短路电流流过时,TA二次电流输出应保持线性;测量回路主要工作于系统正常运行时,因此要求额定电流流过时,TA二次电流输出应有较高的精度。为适应这两种不同工作性质的需求,TA二次绕组采用了不同的级别。对于测量回路,应选用0.5级,其目的为当TA一次侧通过额定电流时,其输出误差不大于0.5%;对于专用计量回路,应选用0.2级;对于继电保护,应选用P级即保护用级别,如10P20,其含义为当TA一次侧通过20倍额定电流时,在二次额定负载下其输出误差不大于10%。0.5级和0.2级绕组在额定电流时有较高精度,但在大短路电流时会饱和;P级绕组在大短路电流时能够保持线性传变,但在小电流时输出精度较差。因此,如果误将P级绕组用于测量或专用计量回路,会导致计量不准确;如果误将0.5级和0.2级绕组用于继电保护回路,则在短路电流流过时会造成保护装置拒动或误动。

(3) 如果电流二次回路极性不正确,则会使得运行中流入保护装置的电流与电压之间的相角与期望值相反,对于线路保护则造成正方向故障时保护拒动,反方向故障时保护误动;对于主变差动或母差保护则会造成差流增大而误动。

(4) 一组电流回路中应有且只有一个可靠的接地点。如存在两个接地点,会存在电流分流的可能,使保护装置检测到的电流小于实际的二次电流,会使保护拒动或是误动。

(5) 电流二次回路中还有一种异常情况,该异常一般只发生在3/2接线的设备中。当不同串中同名相的一次设备直流电阻差距较大时,各串中的同名相中流过的一次电流差距也较大,此时,接入到相应的断路器保护的二次电流的三相间电流值差距也会较大,如果差值大于装置的告警值,断路器保护会发出相应的告警信号。因此,当断路器保护发此类信号时,除检查本断路器的电流二次回路外,也可测量其他断路器的电流二次回路,判断是否属于一次设备直流电阻原因。

二、异常及故障的查找和分析方法

查找和分析二次回路的异常及故障,首先应掌握二次回路的接线和原理,熟悉二次回路中不同的元件和导线发生异常时可能会出现哪些现象,再根据实际出现的异常缩小查找的范围。然后再采取正确的查找方法，最终准确无误地查出故障并对异常行处理。

1. 查找异常及故障时应注意的问题和查找的一般步骤

（1）查找二次回路异常及故障时应注意的问题：

1）必须遵照符合实际的图纸进行工作，拆动二次回路接线端子，应先核对图纸及端子标号，做好记录和明显的标记，以便恢复。及时恢复所拆接线，并应核对无误，检查接触是否良好。

2）需停用有关保护和自动装置时，应首先取得相应调度的同意。

3）在交流二次回路查找异常及故障时，要防止电流互感器二次开路，防止电压互感器二次短路；在直流二次回路查找异常及故障时，要防止直流回路短路、接地。

4）在电压互感器二次回路查找异常时，必须考虑对保护及自动装置的影响，防止因失去交流电压而误动或拒动。

5）查找过程中需使用高内阻的电压表或万用表电压挡。

（2）查找二次回路异常及故障的一般步骤：

1）掌握异常现状，弄清异常原因。

2）根据异常现象和图纸进行分析，确定可能发生异常的元件、回路。

3）确定检查的顺序。结合经验，判断发生故障可能性较大的部分，对这部分首先进行检查。

4）采取正确的检查方法，查找发生异常的元件、回路。

5）对发生异常及故障的元件、回路进行处理。

2. 查找异常及故障的一般方法

（1）查找断线时的方法：

1）测导通法。测导通法是用万用表的欧姆挡测量电阻的方法查找断点。二次回路发生断线时，测导通法查找回路的断点是有效、准确的方法。但这种方法在实际使用中存在着一些障碍。测导通法只能测量不带电的元件和回路，对于带电的回路需要断开电源，这首先可能会使运行中的设备失去交流二次电压或直流电源，其次在某些情况下，继电器等元件失磁变位后，接触不良故障可能暂时性自行消失，这也是该方法的不足之处。因此，对于运行中的带电回路，查找断线时一般不采取这种方法。

2）测电压降法。测电压降法是用万用表的电压挡，测回路中各元件上的电压降。与测导通法相比,测电压降法适用于带电的回路。通过测量回路中各点的电压差,判断断点的位置。如果回路中只有一个断点,那么断点两端电压差应等于额定电压;如果回路中有两个或以上的断点,那么相隔最远的两个断点的电压差等于直流额定电压。

3)测对地电位法。测对地电位法是通过测量回路中各点对地电位,并与分析结果进行比较,通过比较查找断点的方法。测对地电位法与测电压降法同样适用于带电的回路。在直流回路中,如果只存在一个断点时,断点的正电源侧各点对地电位与正电源对地电位一致,负电源侧各点对地电位与负电源对地电位一致;当回路中存在多个断点时,离正电源最近的断点与正电源间各点对地电位与正电源对地电位一致,离负电源最近的断点与负电源间各点对地电位与负电源对地电位一致。

(2)查找短路的一般方法:

1)外部观察和检查。检查回路及相关设备、元件有无冒烟、烧伤痕迹或者继电器触点烧伤情况。冒烟的线圈或者烧伤的元件可能发生了短路。如果有烧伤的触点,那么触点所控制的部分可能存在短路。同时要检查回路中端子排及各元件的接线端子等回路中裸露的部位是否有明显的相碰,是否有异物短接或者裸露部分是否碰及金属外壳等。在烧伤触点所控制的回路检查中,重点是检查该回路中各元件的电阻,看该电阻是否变小。

2)通过测量电阻缩小范围。首先断开回路中的所有分支,然后用万用表的欧姆挡,测量第一分支回路的电阻。若电阻值不是很小,与正常值相差不太大,就可以接入所拆接线。再装上电源熔断器,若不熔断,说明是第一分支回路正常。用相同的方法,依次检查第二、三分支回路。对于测量电阻值很小的分支回路或试投入时熔断器再次熔断的分支回路,应进一步查明回路中的短路点。

(3)查找直流接地的方法及注意事项:

1)查找直流接地的方法。首先判断是哪一级绝缘降低或接地。当正极对地电压大于负极对地电压时,可判断为负极接地,反之则是正极接地。然后结合直流系统的运行方式、操作情况及气候条件等进行直流接地点的判断。可采用"拉路"寻找、分段处理的方法进行直流接地点的查找,将整个直流系统分为直流电源部分、信号和照明部分、控制部分。以先信号和照明部分、后控制部分,先室外部分、后室内部分的原则进行查找。在切断运行中的各专用直流回路时，切断时间不得超过 3s，不管回路接地与否均应立即把开关合上。当直流接地发生在充电设备、蓄电池本身和直流母线上时，用"拉路"的方法可能找不到接地点。当采取环路方式进行直流供电时，如果不将环路断开，也不能找到接地点。另外，也可能造成出现多点接地。进行"拉路"查找时，不能一下全部"拉掉"所有的接地点，"拉路"后仍然可能存在接地。对于安装有微机绝缘监察装置的直流系统，可以测量出是正极接地还是负极接地，也可测量出哪个直流支路有接地点。在判断出接地的极性和直流支路后，可依次断开接地支路的接地极上的分支回路，当断开某个支路后，直流系统电压恢复，可判断为该支路存在接地点，然后再依次断开该支路上的各分支进行判断，直至找到回路中的接地点。目前，已有一种专用仪器查找接地点，其原理大致是在直流系统中叠加一个非直流的信号，该信号会通过接地点形成的回路，然后使用专用的钳形表，测量所测回路、电缆中是否有该信号，以此来查找接地点。具体的方法在此不再详述。

2）查找直流接地时的注意事项。①严禁使用灯泡查找接地点。②使用仪表进行检查时，仪表的内阻不应小于 2000Ω/V。③当发生直流接地时，禁止在二次回路上工作。④在对直流接地故障进行处理时，不能发生直流短路，因为会造成另一点的接地。⑤查找和处理直流接地时，必须由两人进行操作。⑥"拉路"前应采取相应的措施，以防因直流失电引起保护装置误动作。

思考与练习

（1）二次回路异常及故障分为几种？各有什么特点？

（2）如何查找断线故障？

（3）如何查找短路故障？

（4）如何查找直流接地？

（5）查找直流接地的什么注意事项？